达·芬奇的艺术实验室

像天才一样发明、创造和制作的STEAM实验项目

【美】艾米·雷德特克 著
沈少雩 译

上海译文出版社

达·芬奇的
艺术实验室

这是达·芬奇设计的旋翼螺旋桨飞行器（直升机）模型。达·芬奇非常热衷于探索飞行的奥秘，因此他设计了这个飞行器。这个发明很可能是为了一场露天盛会或一个戏剧表演所创造的——戏剧表演也是达·芬奇所热爱的追求。

目录

简介

一切皆有关联

达·芬奇很少在作品中加入动物的元素，但这幅奇利娅·加莱拉尼的肖像画《抱银鼠的女子》（1496年）例外。

很多时候，事情的开端并不那么顺利，但结果却能带来巨大的惊喜。1452年，达·芬奇生于意大利托斯卡纳区一个叫芬奇的小镇上。他出身卑微，父亲皮耶罗是一个富有的公证人，但他并没有娶达·芬奇的母亲——卡特莉娜，一位农村女子。因此，达·芬奇不仅不能子承父业成为一名公证人，就连像样的教育和职业也都和他无缘。

达·芬奇几乎没受过什么正规教育，但他是一个充满好奇心的男孩。14岁的时候，达·芬奇的艺术天赋已经崭露头角。他父亲给他找了个营生，接着他就在佛罗伦萨这样的大城市里，给画家兼雕塑家安德烈·德尔·韦罗基奥当学徒工。

山区小镇芬奇，这是达·芬奇的故乡。

在文艺复兴时期，佛罗伦萨是艺术、建筑以及工程学观念的变革之所。在这个城市中，所有有着创新思维的人——众多艺术家、作家等都会聚集在韦罗基奥的工作室里，谈论艺术、交换心得、探讨创意。年轻的达·芬奇便在此用心旁听，之后他更是有能力参与到此类讨论中。渐渐地，他已对当时那些最伟大的思想家们的思想十分熟悉。对于达·芬奇——一个在艺术和发明领域有着极高天分的孩子来说，这是一个完美的“学校”。

在达·芬奇看来，一切皆有关联，艺术也不仅是用刷子涂颜料那么简单。在学习绘画的过程中，他接触到了风景画，而在学习风景画的时候，他又自学了透视法。透视法是一种能让画家在平面画布上创造出三维效果的绘画方式，在透视图中，远处的事物看起来好像是消失了一般。通过观察天气和河流，他自学了有关风、水流、浮力、重力以及能量的知识，也就是一系列现代物理学的知识；通过研究树木的生长周期，他率先提出有关生态系统的设想；通过研究岩石，他又学习了地质学以及地球起源的相关知识。正是源于达·芬奇厚重的科学知识积累，他描绘的河流和岩石十分写实、逼真，以至于地质学家都能从他的画作中辨识出岩石的种类。

艺术史学家肯尼思·克拉克称达·芬奇为“史上好奇心最持久的人”，他应该是说对了。达·芬奇痴迷于自然，不仅想知道“是什么”，而且还追究“为什么”。他深爱这个世界，对世界上的一切都充满好奇。对达·芬奇来说，要研究和理解一个对象，就要将其与自己研究过的对象作比较。而当他在某个领域内的研究有所建树时，他也会调整自己在其他领域的记录和结论。

达·芬奇最初学习的是绘画，但是在他的一生中，好奇心、勤勉以及天赋不仅使其成为一名绘画大师，还使其成为雕塑家、建筑师、设计师、工程师以及发明家。在他看来，艺术、科学和数学息息相关。这听起来是不是有点像STEAM课程？500年前，达·芬奇就将科学、技术、工程、艺术和数学（STEAM由科学、技术、工程、艺术和数学的英语单词首字母组成）融会贯通。本书将帮助你去发现这些学科是如何融会贯通的。

这是达·芬奇笔记本上的一页，上面画着云朵、植物、扬蹄的马、人物的轮廓、工程构思等等。仅通过一页纸，我们就能领略到他那奇特而丰富的创造性思维。

第一章

色彩

色彩的科学

为何我们能看见不同的色彩，这些色彩又是从何而来的?

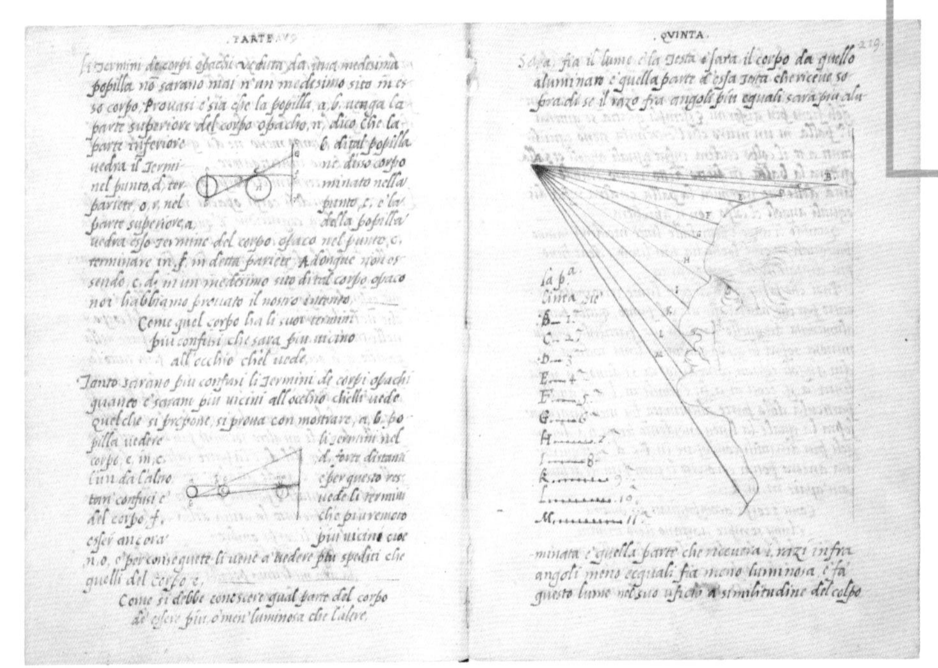

达·芬奇的笔记里记满了关于光线的研究。

达·芬奇看待事物会从各种角度去观察。作为画家，他研究了光线中的几何学以及阴影的形成。15世纪60年代，作为一名画家的学徒，他学会了打磨玻璃镜头。他非常惊喜地发现玻璃镜头可以聚拢光线，并验证出这是一种能量的形式。随后，他又实验了光线折射（光线穿过棱镜会产生折射），并同样观察到了奇特的效果。于是，他在笔记本里记下了这个实验，但从未发表实验的结论。这样一来，发现光的颜色的荣誉就归于了另一位伟大的科学家——英国的艾萨克·牛顿爵士，但这已是在达·芬奇发现光线折射之后200年的事情了。

我们周围存在着各种光波，但人类只能看见可见光的部分，也就是波长为390～780纳米的光线。完整的光谱包括红外线、可见光、紫外线和X射线。因此，更多的颜色是我们无法看见的。比如，我们看不到紫外线，但蜜蜂却能看到，而且它们会利用紫外线来寻找花蜜。

纳米有多长?

纳米（简称nm）是非常微小的计量单位。这是一个公制的长度计量单位，等于十亿分之一米，也就是0.000000001米，你别指望用尺去测量它!

可见光与不可见光

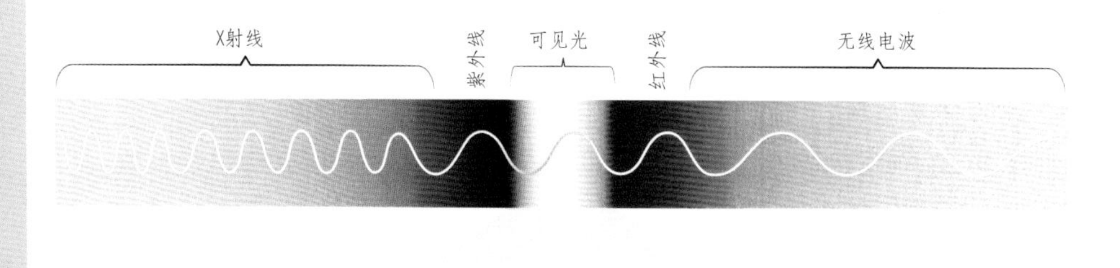

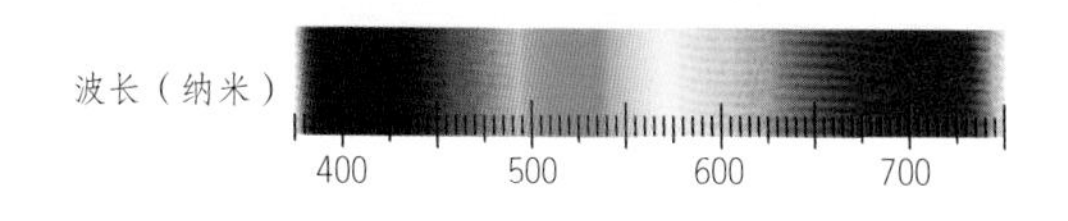

可见光

1670年，通过棱镜实验，牛顿得到了和达·芬奇一样的发现——光线的秘密。他发现：当太阳光穿过棱镜落在平面上会形成彩虹。太阳光虽然被称为白光，但它却包含了可见光，是一种辐射能量，和其他形式的能量一样，能通过波长进行传递。我们看到的不同颜色，其实就是不同波长的可见光。可见光谱也被称为色谱。

黑色和白色是颜色吗?

达·芬奇在他的《绘画论》中，谈到了将黑色和白色作为颜色用于绘画中的问题。

在15世纪晚期写这篇著作时，达·芬奇认为，画家把黑白两色作为颜色用于绘画创作是因为他们需要如此。但是对于科学家来说（根据当时的说法也可能是哲学家），黑色和白色并不是颜色，因为它们并没有出现在色谱里。

黑色不是可见光，因此没有颜色，这一点很容易理解，因为色彩源自光线，而封闭的室内切断了所有的可见光，这个房间就完全看不见了。白色却相反，它包含了所有波长的可见光，是将所有颜色融合在一起的产物。但是，若我们把所有颜色的颜料都放入颜料盘中进行调和，最终是调不出白色的。这看起来似乎有些矛盾，到底是怎么回事呢?

牛顿爵士不仅进行了棱镜实验，他还进行了色轮实验。其实，色轮就是他发明的。首先，他将白色光分成红色、绿色、黄色、蓝色、青色和紫色的光线。随后，他将色谱两端相连，构成了一个颜色连续的环形或圆形。当他转动这个轮子时，有趣的事情发生了。请看下页的实验。

这是牛顿色轮的一个复制品。

实验

消失的颜色

牛顿的色轮

如果我们转动色轮会发生什么？你会发现，五彩的颜色变成了白色，这是为什么呢？因为在转动色轮后，我们在视觉上会将不同颜色的波长混合在一起，将光线还原成白色。现在你也来试试让颜色消失吧，并探究白色是如何由各种颜色组合成的。

你需要准备的材料：

- 彩色复印机
- 白卡纸
- 剪刀
- 铅笔
- 胶棒
- 针线
- 彩卡纸（可选）
- 圆规（可选）

1 在白卡纸上同比例复印两份下方的色轮。

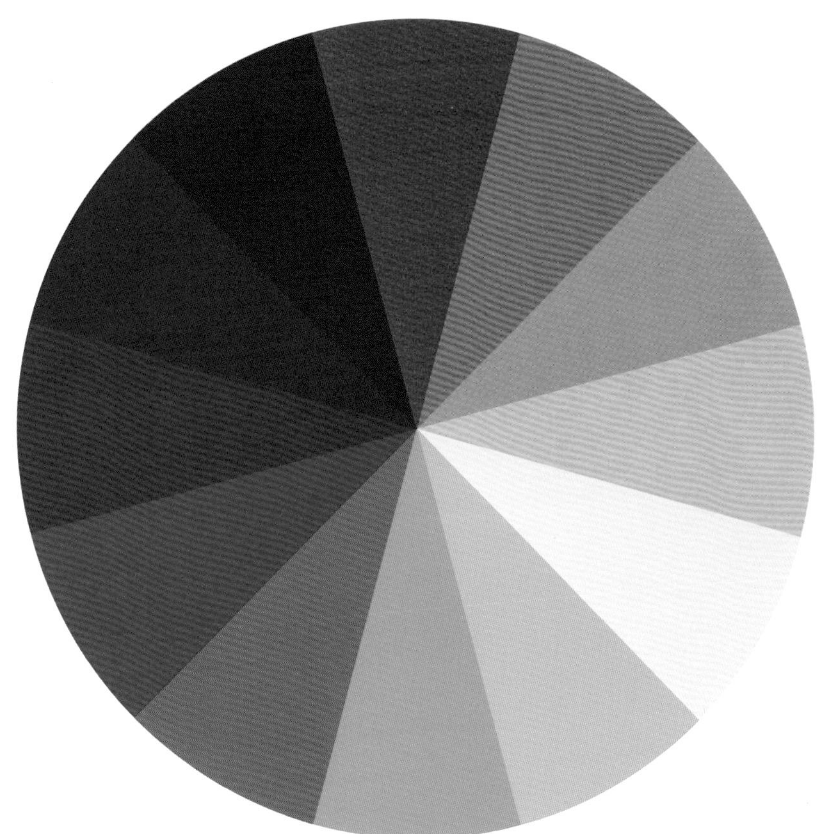

2 将两个色轮剪下来。

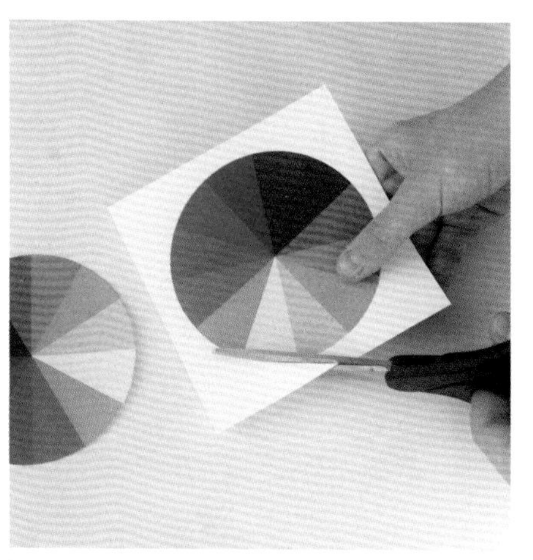

3 用胶棒将两片色轮背对背粘起来。注意，要用胶棒多涂几次，以保证色轮在旋转时不会分开。

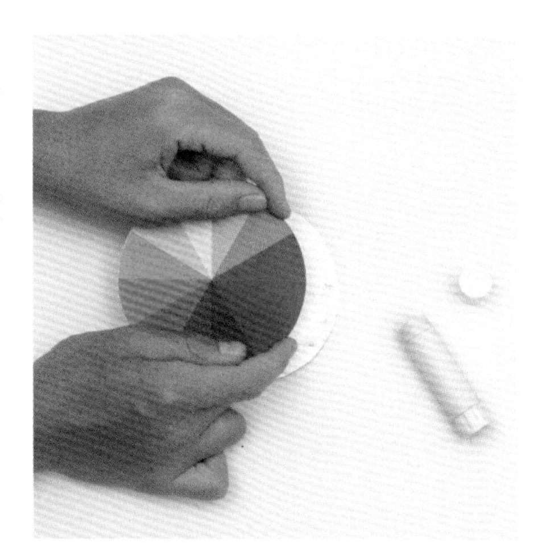

4 在距离色轮中心1.3厘米处，用针戳两个对称的小孔。

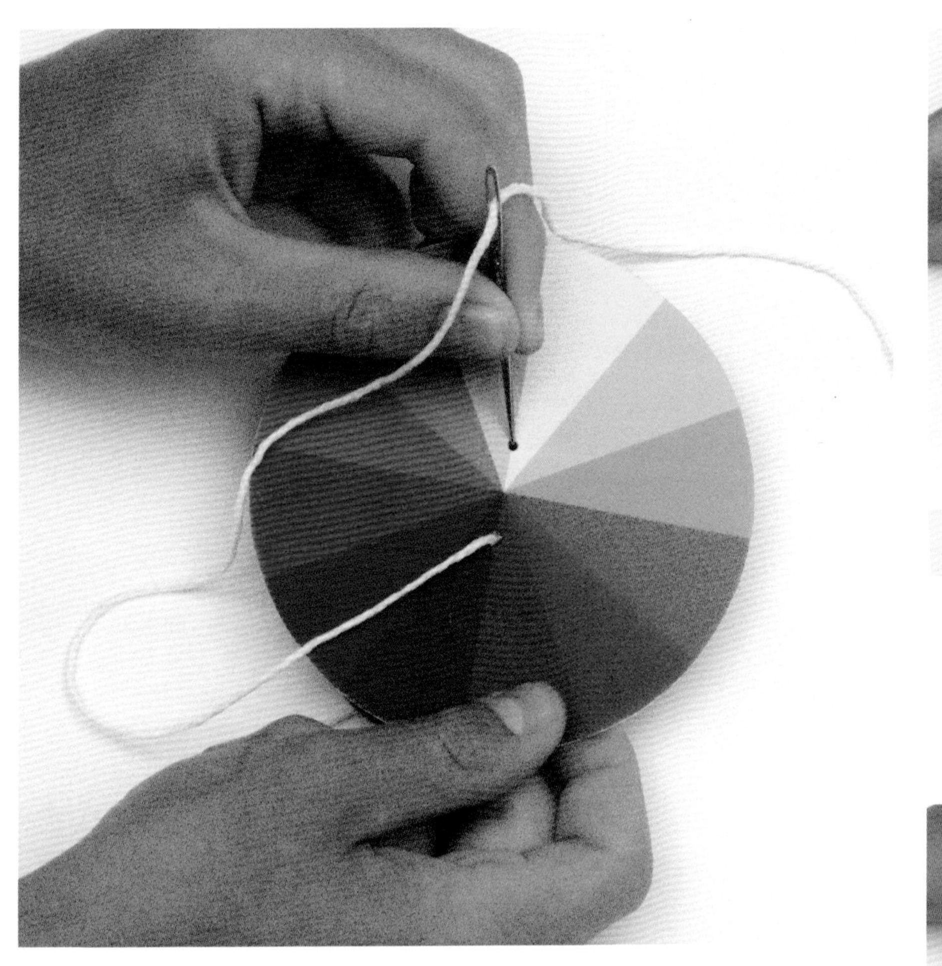

5 把纱线穿在针上，将针穿过之前打的那两个孔。

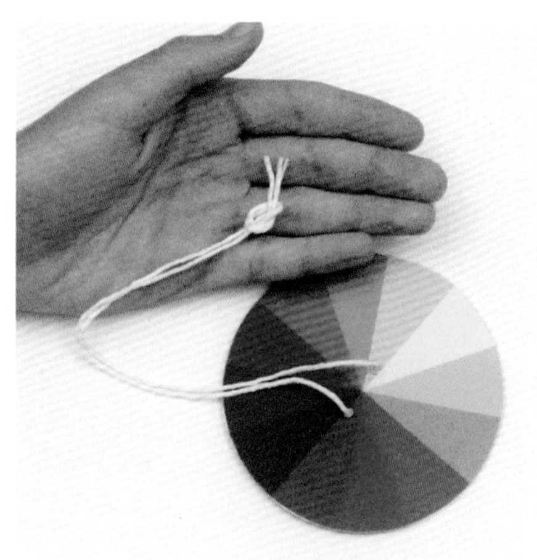

6 将纱线末端打结，形成环。这样，色轮的一面就有了一个纱线的拉手。重复步骤5和步骤6，让另一面也能有个拉手。

7 拉起两侧的拉手，让色轮位于中间。

8 抓住两侧的拉手，让色轮从里向外转动，就像跳绳一样。

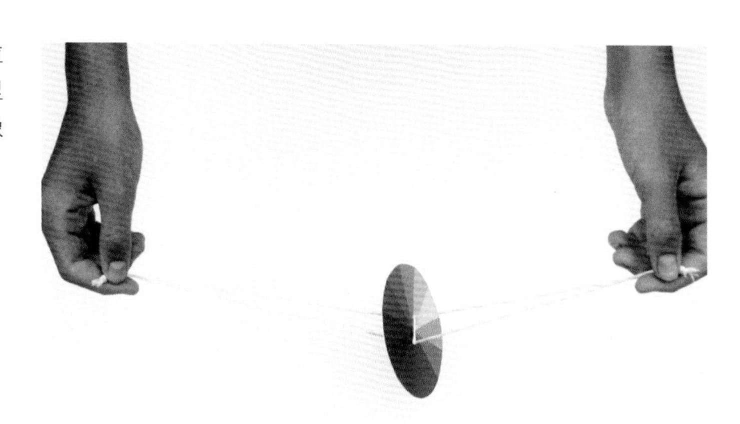

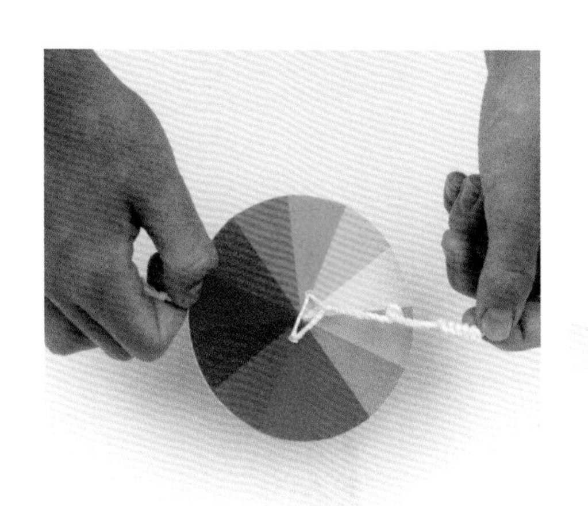

9 让色轮一直转到转不动为止（那时，纱线会扭曲在一起）。

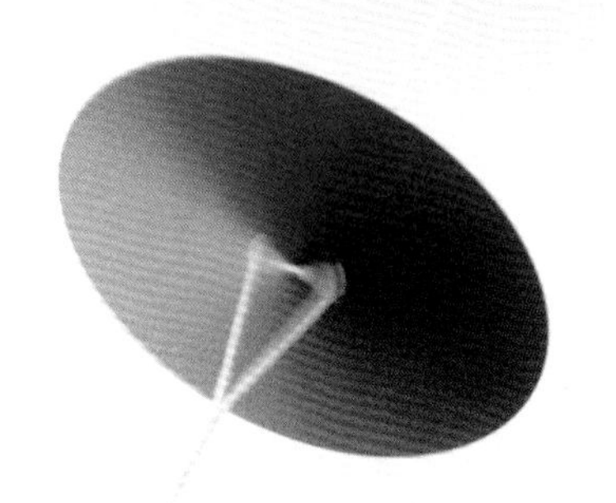

10 将两侧的纱线同时向外轻轻拉动，此时色轮会飞快转动，注意观察色轮转动时的变化。

我们也一起来动手试一试，将各种颜色拼在一起，进行不同的色轮实验吧！把各种颜色的纸条剪下来，粘贴在纸盘上。如果我们尝试减少色轮上的颜色数量，当色轮转动时，会发生什么呢？比如只使用红色和黄色。如果试着减缓转速又会带来怎样的效果呢？

意大利伦巴第大区
高挂山巅的彩虹。

彩虹的科学

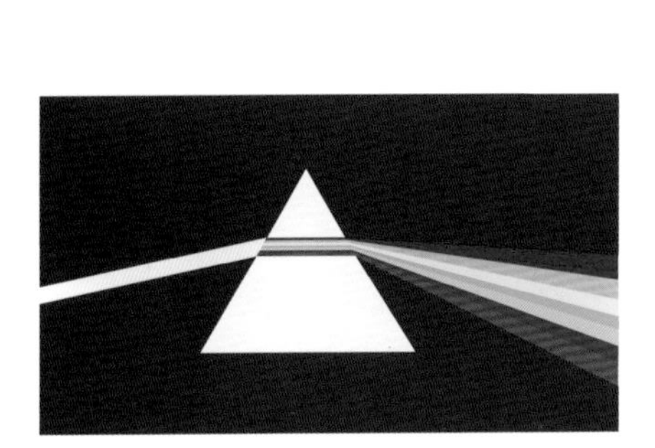

当阳光穿过普通的窗户玻璃后，只会出现普通的白色光线。但当阳光穿过一面棱镜后，光谱的一系列颜色就出现了。这是怎么回事？

棱镜的原理：奇妙的折射

在几何学中，棱镜是具有相同末端和扁平边的实心结构。根据其末端形状的不同，我们可以将棱镜分为方形棱镜或三角形棱镜。棱镜所有侧面的形状都是平行四边形。

在光学中，棱镜是一块透明、光滑、侧面朝里的玻璃或塑料。最常见的棱镜形态是三角形棱镜，又称三棱镜。

棱镜能将光线弯曲或折射，因此被科学家和艺术家们广泛使用。棱镜的所有面都是相对排列的，当光线从其中一面进入棱镜时，会产生折射，同时速度降低，这样当光线从棱镜的另一面射出时，其方向就会发生变化。

神奇的事情就要发生了！当光线弯折时，原本融合在光线中的各种颜色也会一起弯折，它们根据各自波长的不同而分散开来，这一过程就是色散现象。当最终的光线投在墙上或其他表面上时，你就能看到美丽的颜色了。

为什么会有彩虹呢？

彩虹是如此美丽、令人着迷。想象一下：在一个灰蒙蒙的大雾天，你漫步在街道上，转过街角，这一自然界最美的景色便忽然映入你眼帘。但是往往你还没来得及细看，它已经在天边消失了。

彩虹只会出现在雨水和太阳组合恰当的时候。如果想要看见彩虹，你就必须背向太阳，且面向雨水。你会发现我们通常都是在下午看到彩虹的，这是因为那时我们身后的太阳在西面，雨水会自西向东移动，彩虹会出现在东面。

彩虹是如何形成的呢？相信你已经猜到了，彩虹正是凭借空中的雨滴——这一微型棱镜所形成的。太阳光照射在雨滴上之后，会被雨滴的弧形表面反射回来进入我们的眼中。这一光线射入雨滴再弹出的过程，就是太阳光发生折射的过程，是雨滴或者说是微型棱镜将白光分解成了七色光。

彩虹的尽头

你可能听说过这类童话：在彩虹的尽头藏着一罐金子。彩虹是如此神奇，以至于人们总是将彩虹和各种美好的事物联系起来。但事实上，彩虹是没有尽头的！

我们在地面上看到的彩虹，其实是一个圆环的一部分，准确来说，是一个色轮的一部分。因为当我们在地球上看彩虹时，我们的视线会被地平线分割，所以我们是无法完全欣赏到壮观的完整彩虹的，大概只有在天上才能看到吧。可想而知，看到完整的彩虹是一件多么困难的事情。不过，你可以在下次乘飞机的时候碰碰运气，谁能知道幸运会在什么时候降临呢？

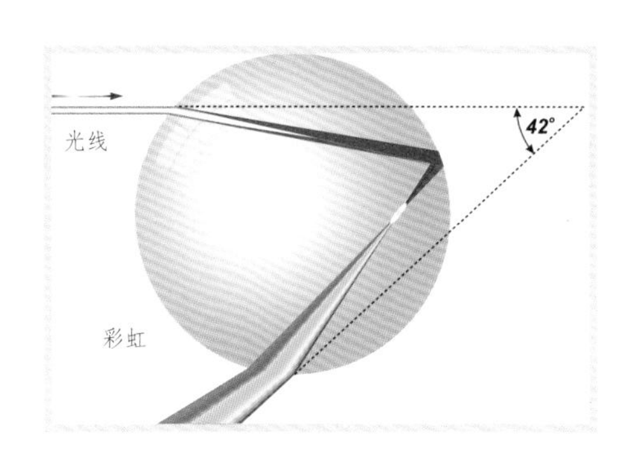

彩虹中的数学

你是否有过这样的疑问：为什么不是每次雨天出太阳都能见到彩虹呢？这是因为如果要看到彩虹，光线就必须从一个特定的角度照射到雨滴上，这个角度大约是42度。只有这时，光线能够被反射，再回到观测者的眼里。小于42度，光线会直接穿过雨滴；大于42度，光线则会从雨滴顶部反射出去。

你知道吗？

其实，我们每个人看到的彩虹都是与众不同的。我们已经知道：彩虹是源于雨滴反射后再回到我们视线的光线。然而，由于我们看到的光线是从不同的雨滴中反射出来的，所以每个人眼中的彩虹实际上也是各不相同的！

但是等等！凡事总有例外 

对于彩虹来说，它并非永远都是太阳和雨的组合。有时候，月光和雨也能形成彩虹，这就是为什么我们能看到月虹。月虹和彩虹的形成原因完全一样，月虹是月光在空中通过雨滴的反射和折射形成的。等等！月亮哪来的光？月亮当然没有光，但是太阳有啊。我们看到的月光，其实是月亮反射的太阳光，而我们之所以称之为“月光”是为了增添一些诗意。

色彩的科学

碰到ROY G BIV了？这是什么呢？这些字母其实是色谱颜色的英文首字母：红色、橙色、黄色、绿色、蓝色、靛色和紫色，称它们为“ROY G BIV”只是为了便于记忆而已。

无论是用棱镜或花园里的水管制造的彩虹，还是天空中自然形成的彩虹，它们色彩的排列顺序都是一样的，永远都是红色在头，紫色在尾。这又是为什么呢？秘密在于波长。

每一种颜色都有一种属于自己的波长，且它们的波长彼此不同。红色的波长最长，大约在622～780纳米之间。接着是橙色，大约在597～622纳米之间，黄色在577～597纳米之间，绿色在492～577纳米之间，蓝色和靛色在455～492纳米之间，最后是紫色。紫色波长最短，在390～455纳米之间。波长是按降序排列的，颜色也是如此。

但是等等！凡事总有例外

针对“红色在上”的原则有一个例外，那就是双彩虹。如图所示，较淡的那个彩虹的颜色顺序是反的，这是怎么回事？

对于第一道较亮的彩虹，光线从雨滴中折射而出时只反射了一次。

而第二道彩虹呢？它是当光线折射一次后，再次经过雨滴表面，进行二次反射所形成的。所以，它其实是第一道彩虹的倒影，而倒影是反过来的，因此也就产生了颠倒的现象——红色在下、紫色在上。

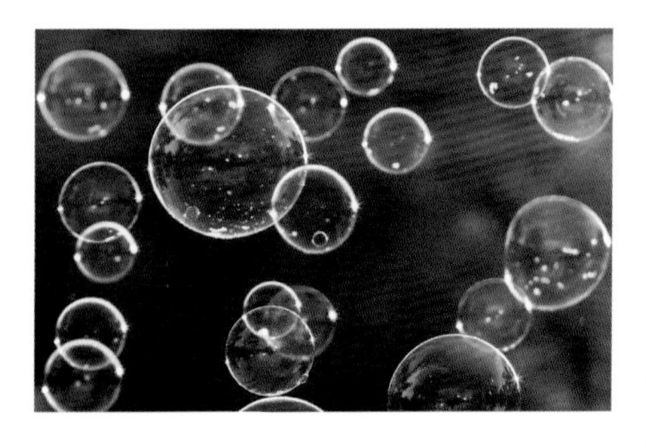

为什么我们能在泡泡上看到彩虹的颜色？

有时我们能在肥皂泡上看到绚丽的色彩或光晕。肥皂泡壁的两侧由肥皂组成，中间夹的是水，泡壁的不平坦就是形成光晕效果的原因。虽然我们的肉眼无法观察到肥皂泡壁厚度的不同，但光波能反映出其中的区别。

由于肥皂泡是透明的，光线在泡壁的正反两面都会产生反射，且每次反射的距离会和某个颜色的波长相吻合。鉴于肥皂泡大小和肥皂泡壁厚度的不同，颜色会发生不同的变化，这样就出现了彩虹的颜色。

实验

控制彩虹

在这个实验中，你会了解到如何通过改变透光孔的大小，从而控制我们所能看见的事物的外貌。实验会制造出不同长度、形状和大小的彩虹。你所需要的仅仅是一间暗室和几个简单的工具，例如一个手电筒、一些卡纸和一块棱镜等。

你需要准备的材料：

- 四张21.5厘米×28厘米的卡纸
- 剪刀
- 打孔机
- 回形针
- 三棱镜
- 胶带
- 76厘米长的绳子
- 手电筒（非LED灯）
- 彩色铅笔（红色、橙色、黄色、绿色、蓝色、靛色、紫色）

注意：因为要用到棱镜，所以我们的手电筒必须选择白炽灯泡，而非LED灯泡。

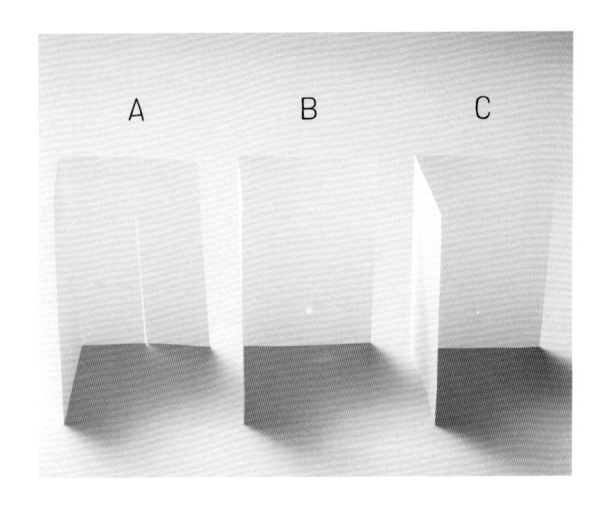

1 将三张卡纸对折，
使它们能立起来。

2 在每张卡纸上留下不同的孔洞：

A.用剪刀在第一张卡纸上剪出一个切口，切口的宽度不超过三毫米，高度要比棱镜高。

B.用打孔机在第二张卡纸上打个洞。

C.用回形针在第三张卡纸上戳个洞。

3 选择其中的一张卡纸，将棱镜、孔洞和手电筒放在一条直线上。

4 把房间的灯关掉，打开手电筒，使光线穿过孔洞照射在棱镜上。接着，改变手电筒的位置，并观察会发生什么，思考彩虹的形状是否与手电筒摆放的位置有关，以及色谱的大小是否会随着棱镜的位置产生变化。

5 在第四张卡纸上，用彩色铅笔记录下对应的色谱。

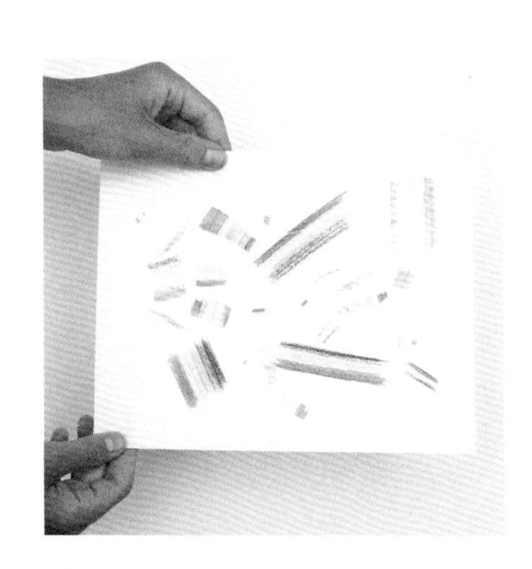

6 重复步骤3～步骤5，完成另两个孔洞的实验，并记录下你所见到的彩虹。

让探索更进一步

你能让彩虹绕着房间移动吗？如果把棱镜挂起来，让光线从不同角度射入，会发生什么情况呢？在这一实验中，我们要用绳子将棱镜挂起来，这一步骤你可能需要别人的帮助才能完成。

尝试让探索更进一步。如果我们用一个装满水的玻璃杯来代替棱镜，会发生怎样的改变？这次，我们将直接用胶带覆盖住手电筒，然后留一道裂缝让光能透过缝隙。将水杯放在桌子的边缘，白卡纸放在地上。关灯后，将手电筒对准水杯，调整位置和角度，观察白卡纸上彩虹的变化。对了，你还可以用照相机来记录彩虹。

如果想让房间里有彩虹，尝试在晴天将棱镜放在窗边吧，那样就可以把彩虹带回家了。

透明的色彩

我们已经知道，可见光色谱有七种美丽且透明的颜色。但是你可知道，如果将它们互相混合，就可以创造出数百种（甚至更多）的颜色。有时，自然界会为我们调色，比如壮丽的落日，它是由各色光线相互交错所形成的。有时，我们也可以自己动手调色，并将其运用到电影中、数字图像中、打印的彩色纸张中、染色布料中，甚至是蛋糕的糖衣中。

达·芬奇在《绘画论》中写道："当透明的光线照射到另一件物体上时，便形成了一种混合的色彩，它和组成它的任何一个颜色都不相同。"

绘画的突破性进展

在达·芬奇那个年代，如果画家要画一些重要人物的肖像，或是为教会做一些绘画，都会选择蛋彩画。蛋彩画对你来说可能有点陌生，蛋彩颜料是由细磨的色料和蛋黄混合后再加入少量清水所制成的，颜色漂亮。但由于蛋彩颜料干得很快，而且几乎是全透明的，这就增加了画家绘画时混合颜色的困难。

15世纪时，一场绘画革命发生了，油画——这种新的绘画类型被艺术家们广泛使用，达·芬奇就是其中之一。油画颜料是由油料（如亚麻籽油，亚麻籽油的干燥时间相对较慢）和矿物色料混合而成，以形成一层非常薄的透明油膜，颜料则会在油膜之下显示出来。达·芬奇发现，当他逐层上色时，他可以将颜料混合后获取新的颜色，从而来表现色彩丰富的阴影、肤色、织物、毛发甚至眼睛。从右面这幅他画的天使中，你就能看到这样的效果。

油画上透明的油，让达·芬奇的画看起来能发光一般，同时也使他能够尝试写实主义的作品和不同色调的风景画。有人甚至认为，他驾驭色彩的能力至今仍然无出其右。需要补充的是，达·芬奇平时也并非只使用这种新式的媒介，他还尝试过很多其他的绘画方法。

达·芬奇画的天使的脸部，取自作品《岩间圣母》，1483～1490年。

市场上待售的粉状色料。

色料是从哪里来的?

在达·芬奇那个年代，油画颜料并不像现在这样是管装的，艺术家通常会将亚麻籽油或核桃油与色料混合，自己制作颜料。这些色料又是从哪里来的呢？为了制造合适的颜料，绘画材料商会到处寻找各种材料，他们从植物、花园中的昆虫、岩石，甚至是地下深处的泥土中寻找合适的材料，可谓煞费苦心。有时，他们甚至不惜用次等的宝石做材料，比如来自阿富汗的天青石，这种亮蓝色在自然界极其罕见。有些材料，如砷，它虽然能被用来制造橙色，但含有剧毒！艺术是奢侈的，即使是在绘画尚未开始前，人们就已为此花费甚多。

实验

从食物中获取颜料或染料

自然作物都有着其本身的颜色。比如通过胡萝卜所含有的类胡萝卜素，我们可以获得黄色、橙色和红色；通过甜菜和蓝莓含有的花青素，我们可以获得红色、紫色和蓝色；通过菠菜等绿叶植物中的叶绿素，我们可以获得绿色。在这个实验中，我们将用农作物来制作颜料，你也可以用你选择的食物来制作染料、涂抹画布或印染纱线。

我们可以用水果和蔬菜制成的染料来为鸡蛋上色。

实验一：以食物为原料的颜料

利用水和厨房中最常见的东西，我们可以制作出类似油画颜料的半透明颜料，得到如鹅黄、土黄、黄赭、烧赭、红褐、生赭等画家常用的颜色。

你需要准备的材料：

- 量勺
- 半茶匙（2.5毫升）的色料（如芥末粉、生姜、姜黄、辣椒、肉桂或无糖可可粉）
- 半茶匙（2.5毫升）的水
- 微波炉能用的小碗
- 勺子
- 半茶匙（5毫升）的蜂蜜
- 画笔
- 几张21.5厘米×28厘米的白卡纸

1 将水和色料放入小碗。

2 用勺子将色料和水混合成膏状。

3 加入蜂蜜，作为黏合物。

4 混合均匀后，将其放入微波炉中加热10～15秒，如果效果不好的话可以再加热一次。为什么要加热呢？因为加热能使植物基的色料分解，有助于它们释放出颜色和香气。

5 再次搅拌，你的颜料就做成了。

6 用画笔在卡纸上试用一下这些颜料。太薄的话可以加些色料，太厚的话可以加些水。如果你希望颜料看上去更像半透明的釉质，那么就多加一些蜂蜜。

7 待颜料的浓稠度调得差不多了，就可以用它们来画画了。记住：画完后，先别碰这些颜料，因为它们要到第二天才能干透。

实验二：以食物为原料的染料

警告!不要想着去吃这些染料!

这次，我们要从植物中榨取天然染料。从图表中可以看出，有些蔬菜和浆果只有某个部分可以被用来制造染料，但有一些却是整个都可以被用来制造染料的。比如用蓝莓来制作紫色染料时，就要将它整个捣碎；用洋葱制作黄色染料时，只需要用洋葱皮。你可以把洋葱留下来，以后用作洋葱汤。洋葱皮比较干，你也可以先将洋葱皮慢慢积攒起来，等到攒得足够多时再制作染料。

在这个实验中，我们用蓝莓制作了紫色染料。这一染料的制作方法同样适用于其他颜色的染料制作。

你需要准备的材料：

- 下表第二行中的170克任意蔬菜或水果。
- 一口大锅
- 长柄勺，用来搅拌
- 量勺
- 三茶匙（15毫升）明矾，用来酸洗
- 一茶匙半（7.5毫升）塔塔粉
- 0.95升水
- 完全浸湿的白棉布或棉线*。（浸入水中，绞干，再重复）
- 夹子
- 橡胶手套
- 量杯

*布料的材质很重要，因为人造材料不容易吸收颜色，所以布料必须是棉的。

	紫色	浅黄	橙色	洋红	深绿
作物	蓝莓	洋葱	胡萝卜	甜菜	菠菜
用到的部分	果实	表皮	根	根	叶
处理方法	捣碎莓果	捣烂洋葱皮	切碎胡萝卜	切碎甜菜根	剪下菠菜叶子
有效成分	花青素	花青素	胡萝卜素	甜菜苷	叶绿素

制作染料：

1 根据上一页表格第三行准备材料，并将其放入锅中。

2 加水后，小火慢炖一小时。

为棉布或棉线染色：

1 在锅中加入明矾和塔塔粉，并持续搅拌，直到它们完全混合。

2 加入预先浸湿的棉布或棉线，搅拌直到染料完全渗入棉布或棉线中。

3 继续小火慢炖，直到棉布或棉线完全被染色（至少一个小时）。加热时间越长，颜色越深。关火，待锅冷却下来。

4 戴上橡胶手套，用夹子小心地将棉布或棉线从染料中取出，放进水槽中。接着，为了去除残余的食物色料，用水冲洗棉布或棉线，水流还能一并冲掉多余的染料。冲洗的过程需要一两分钟，待冲洗后的水也干净的时候便可停下。

5 将冲洗干净的棉布或棉线绞干、晾干。记得用水和肥皂把手洗干净。

将探索更进一步

如果你希望布料的颜色在水洗过后能更持久，那么就需要使用一些特殊的方法对织物进行固色处理。准备一个干净的大碗，加入两茶勺的食盐（36克）、半杯醋（120毫升）以及八杯水（1.9升）。将织物浸透在其中，放置一夜后取出，绞干、晾干。

你可以用染色的棉布或棉线制作各种物件，如象征友谊的手环、定制的餐巾等。

艺术和光线中的色彩

红色、黄色、蓝色

众所周知，所谓的三原色就是红色、黄色、蓝色，两两混合可以调出绿色、橙色、紫色。事实上，你只要拥有三原色，加之少量的黑色和白色，就能调和出任何颜色。如果改变色彩的混合比例，还能获得太阳光中所含有的各种颜色。而且你会发现，将三原色混合后，可以得到棕色，甚至近乎是黑色。

但是等等！凡事都会有例外

当我们说光线颜色的混合，而不是颜料颜色混合的时候，三原色就不再是红色、黄色、蓝色，而是红色、绿色、蓝色了。光线是纯色，而颜料（以及我们看到的其他所有颜色）都是反射色，因此光线和颜料的混合方式是不同的。光线是太阳混合了所有颜色之后所形成的，且其最初的颜色就是红色、绿色、蓝色。

什么是反射色？

我们已经知道，颜色是由光线形成的，不同颜色的光线有着不同的波长。所有的物质都能吸收某种或多种波长的颜色，并反射其他的颜色。比如，一朵红花只会反射红色光，其他颜色的光则都会被吸收掉。这些反射回来的光线的颜色，正是我们眼睛所看到的颜色。

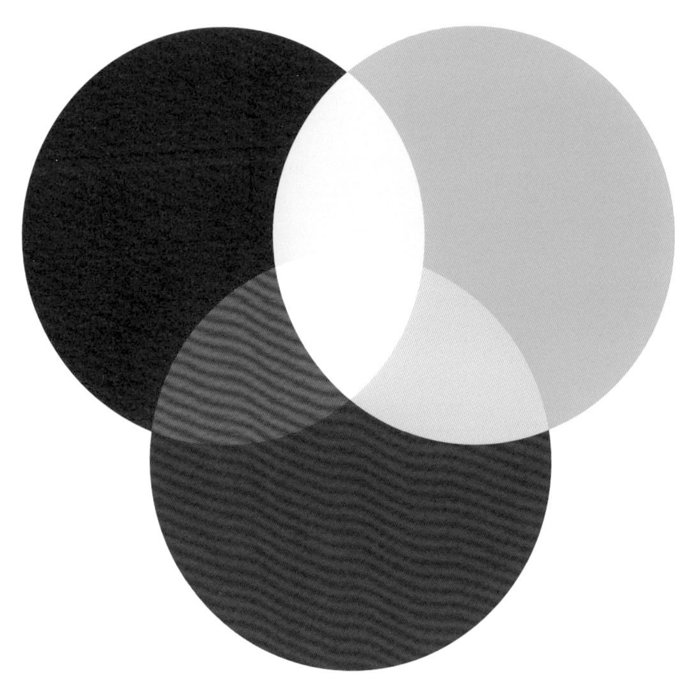

光线颜色的混合

在我看来，那些设计剧院灯光以及商店橱窗陈列的艺术家们，一定常常会运用到光线的混合。但是你知道吗？你每天在看的电脑和手机屏幕，其实也都是光线混合的产物。

你在电脑上所看到的五彩画面，不是通过颜料来呈现的，而是通过混合光线来传递的。光线颜色的混合方式被称为加法混色。我们从屏幕上看到的颜色，都是由红色、绿色、蓝色混合而成的。

接着，我们来看光线相互叠加形成的二次色，它们并不是我们将颜料混合得到的橙色、绿色和紫色，而是洋红、黄色和青色。请看左图的中央，当光的三原色叠加在一起的时候，我们得到的不是棕色或黑色，而是白色——太阳光的纯白色。

洋红、黄色和青色

这几个颜色是不是听起来很熟悉？如果你给彩色打印机换过墨盒，就会注意到墨盒分别标着洋红、黄色、青色，还有黑色。打印机就是靠着它们打出所有颜色的。

光线的三原色形成了我们在电脑屏幕上看到的种种颜色，而光线的二次色则是打印时所使用的颜色。

如果我们将洋红、黄色和青色相互叠加，它们会变成什么颜色呢？在右图中，我们会惊奇地发现，它们变回了光线的三原色的红色、绿色、蓝色！记住，这是因为打印机所使用的颜料是反射色。再看一下正中间，也就是三种颜色叠加在一起的部分，和用颜料相互叠加的时候一样，这部分变成了黑色。

实验

彩色的影子——红色、绿色、蓝色

用不同颜色的光线来制造彩色的影子。

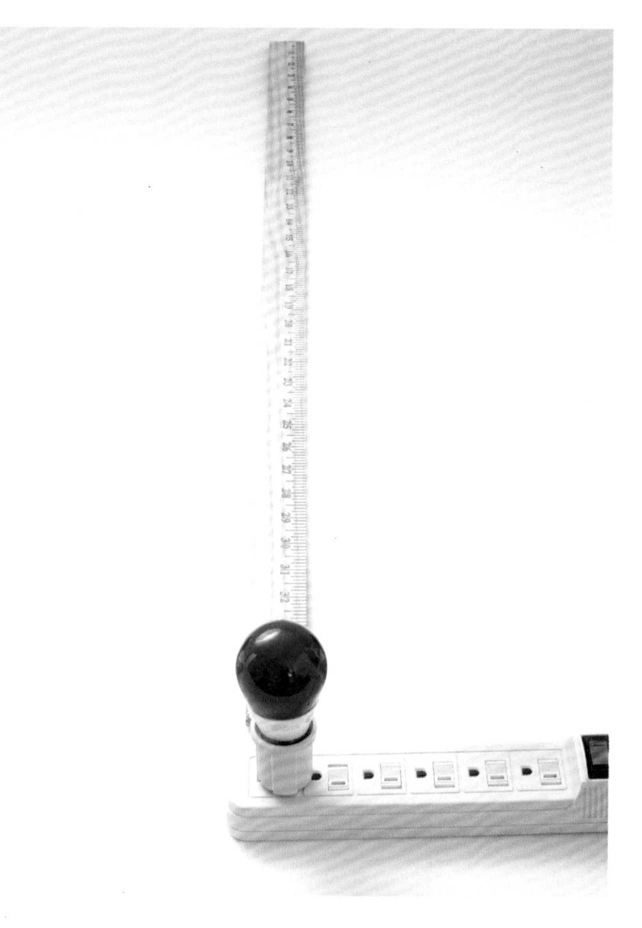

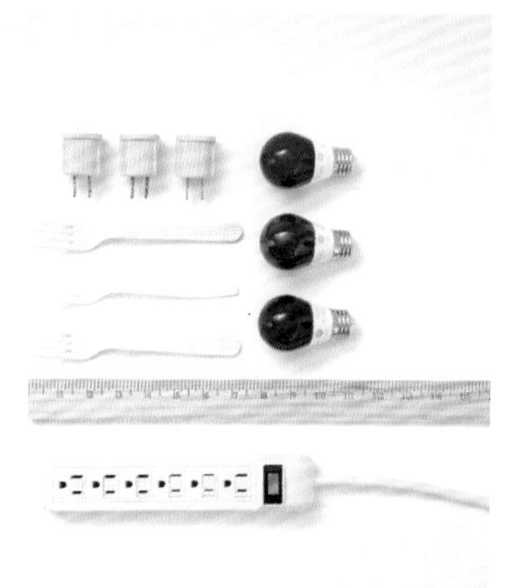

你需要准备的材料：

- 白色的墙面或其他面积较大的白色表面
- 细长的物体，如铅笔、勺子、叉子或者剪刀
- 三个彩色灯泡，红色、绿色、蓝色各一个（荧光灯或LED灯）
- 三个灯泡插座适配器*
- 插排
- 直尺
- 20.5厘米×28厘米的白卡纸

*这些物品都可以在网上或五金商店买到。

1. 将物品按照图中的位置摆放。直尺应垂直于墙面，之后要用来测量白色墙面和灯泡之间的距离。摆放灯泡时，要使其至少与白色墙面间隔90厘米。

2. 关掉房间的灯，点亮灯泡。我们先用绿色灯泡来做实验。

3 如图所示，将一个细长的物体放在直尺上，且位于绿色灯泡和墙面之间，形成影子。

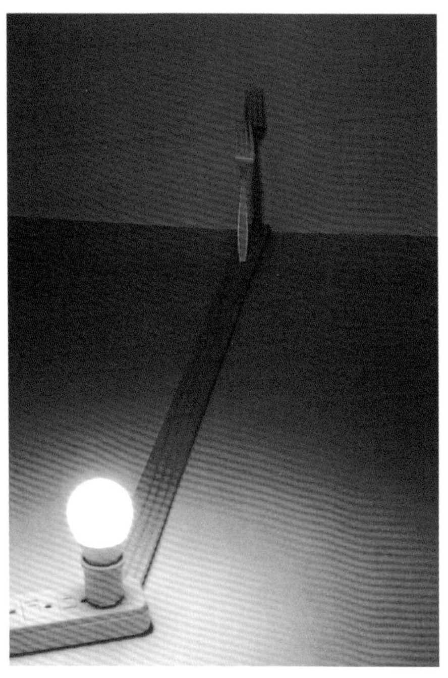

4 更换另外两个颜色的灯泡，观察每种颜色的光线会怎样改变白色墙面的颜色。注意，影子的颜色总会比物体的颜色更深一些。

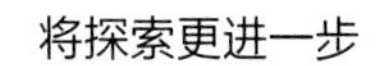

将探索更进一步

实验一：将三种颜色的光一起投到白色墙面上的同一片区域，我们会看到什么呢？

实验二：尝试将物体靠近墙面，然后远离墙面。我们能够观察到，物体离墙面越近，影子就越小、越细。

实验三：在白卡纸上剪一个直径为2.5厘米的孔，将白卡纸放置于光源和墙面之间，比较换上不同形状和不同大小的孔时所形成的影子。

你还能想到什么其他实验的形式吗？如果你把灯照在一罐彩色的水上会发生什么？水会自己发光吗？它的影子是什么颜色？尝试拍摄你的实验结果。

5 同时打开绿色灯泡和红色灯泡，并在灯泡和墙面之间再放置一个细长的物体。注意观察影子的颜色变化和墙的颜色变化。你能看见几个影子？影子有几种颜色？墙上又是什么颜色？

6 同时打开三盏灯，并在灯泡和墙面之间再多增加一个细长的物体。这时有几个影子？它们又都是什么颜色的呢？

色彩的视觉语言功能

下图由左至右分别是阿拉伯、日本和英国的停止标志。

闭上眼睛，想象下面这些事情，你会联想到什么颜色？

碰到热的东西

听到汽车喇叭声

感到愤怒

感到激动

你每次都会想到红色吗？为什么呢？我们的思维具有快速联想的能力，因此我们常会将颜色和情绪联系起来。红色和我们有很多的联系，事实上，所有的颜色都是如此。颜色所传达的意思对每个人来说都是一样的吗？接下来，我们一起来实验一下。

颜色代表了什么？

每种文化都会用颜色来传达想法，但是，它所代表的意思是由什么来赋予的呢？我们对颜色的解释受到很多方面的影响，如住所、信仰、接触到的人，还有听到的音乐。

有时候，赋予颜色某个含义的原因很简单，比如用红色作为停止标志是因为红色很醒目。

有时候，我们对颜色的选择与季节有关，比如为春日聚会选择装饰品时，我们通常会避开那些橙色或棕色的物件，因为这些颜色会让人联想到秋叶和南瓜。

有时候，颜色还会和国家联系起来。每个国家的国旗颜色都包含着特殊的意义，你可以尝试去了解一下它们分别都代表了什么。

你每天看到的颜色中还有哪些是具有特殊意义的？这些颜色在另一个国家也代表同样的意思吗？

你可知道，不同颜色在不同国家的含义有所不同，对你来说代表欢乐的颜色，在另外一个国家却可能代表悲伤？请你开动脑筋，做些调查，将色轮上对应的颜色所代表的含义标注在横线上吧！

白色

红色

黑色

橙色

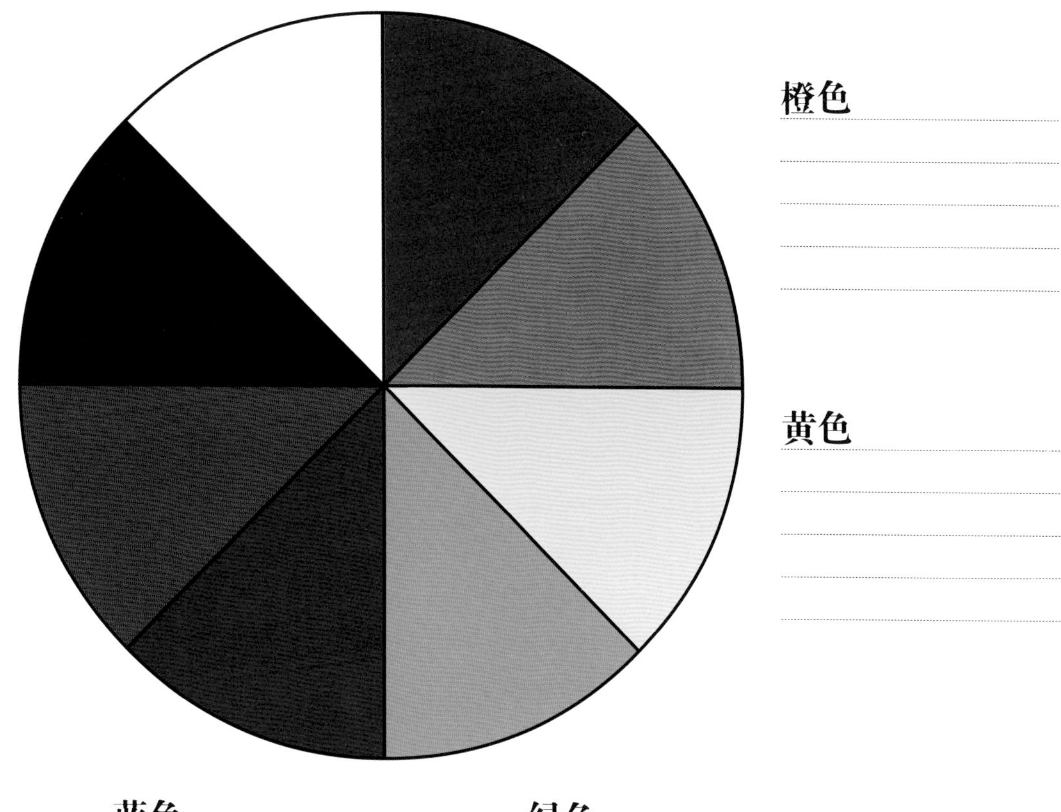

紫色

黄色

蓝色

绿色

命名颜色

对于公司的新产品来说，重新命名其产品的颜色是一个很有趣的挑战。比如：嘶嘶作响的红色、有毒的绿色、墨西哥棕。我们来进行另外一个实验：根据你看到的第一印象，为本页上的每个颜色取一个名字，并把这些名字写下来。然后让你的朋友们也来做做这个实验，看看他们对这些颜色产生的联想是否和你一样。

第二章

光与影

在达·芬奇的笔记本上，有着许多他对曲面镜光线反射的研究手稿。在图中右上方，达·芬奇记录了等直径凹面镜的使用情况："这样一个有着浅浅弧度的镜子能够聚集最多的光线，并反射到同一个焦点上，从而迅速激烈地点燃一团火焰。"

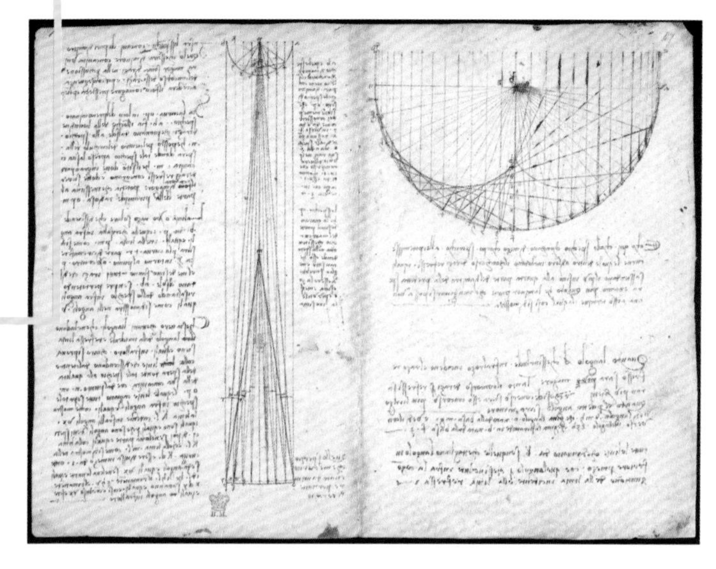

光的本质

在创作绘画和雕塑时，每个艺术家都会考虑光线的问题，但是达·芬奇是从科学的角度来探究的。他意识到，如果能理解阴影和反射的科学原理，就能将其运用到绘画创作之中。

达·芬奇一页页地记录着有关光线照射以及反射路径的研究。他知道光线是从光源以直线发出的，并会在碰到某个平面后以某一角度反弹回来。因为达·芬奇总是在寻找事物之间的联系，所以他发现他所研究的某些光线反射规律在其他方面也同样适用。比如球从墙上弹回，或是声波遇到墙会被弹回。

光线弯曲

当达·芬奇还是个孩子的时候，也就是他在韦罗基奥工作室里时，他就已经学会如何巧妙运用光线的直线运动原理，还学会了打磨玻璃镜片，运用弧形镜将光线（和热量）聚集到一个平面上，甚至还能用光线来点火或加热焊接金属雕塑。

弧度向外的镜子是凸透镜，弧度向内的镜子是凹透镜，由于它们的表面形状不同，在聚拢和反射光线时，光线也会形成不同的路线。凸透镜（右上图）向内聚拢光线，这样光线会聚集到一个点上，然后再次分散开；而凹透镜（右下图）则是将光线向外扩散。

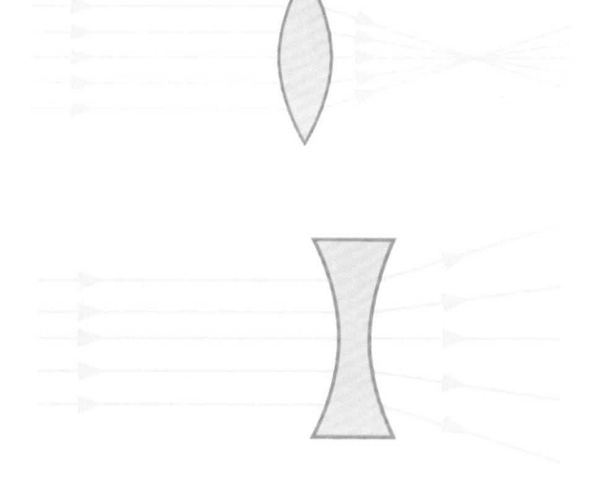

运用这些原理，达·芬奇不仅能用凸透镜聚拢光线加热表面，还能用凹透镜反射光线进行阅读。在此基础上他设计发明了一种灯，通过在灯或烛火后面放一块曲面镜，极大地增强了光线的传播。

实验

用反射来改变光线

这里有两种弯折光线的办法可供实验。

实验一：用可弯曲的塑料镜面扩大光线

看看当你用曲面镜反射光线时会发生什么。在第一个实验中，你需要一张柔性塑料镜面，这可以在艺术商店、工具商店和网上买到。这个实验还需要两个朋友帮忙。

你需要准备的材料：

- 一张20.5厘米×25.5厘米的白卡纸
- 一张15厘米×23厘米的柔性塑料镜面
- 两根橡皮筋
- 手电筒
- 笔记本和纸

注意：这个实验需要在暗室进行。

1 如图所示，让你的一个朋友手持白卡纸，另一个朋友手持塑料镜面，并正对着白卡纸。两样东西都要保持平整，并在同一高度上。

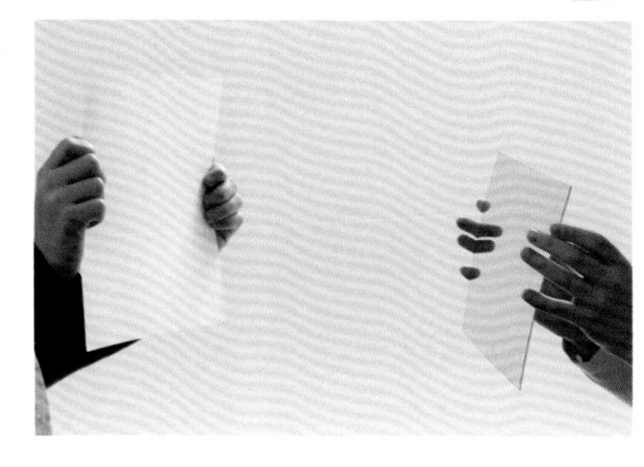

2 打开手电筒，将光照射到塑料镜面上。注意观察反射到白卡纸上的光线，并记录下你所看到的内容。

3 让手持塑料镜面的朋友将镜面向后弯折，形成凸透镜，再用一根或两根橡皮筋将其固定住。这时光线发生了什么变化？记录你所看到的。

4 接着，将塑料镜面向内折，形成凹透镜。光线又有什么改变呢？对你所观察到的进行记录。

发生了什么?

当镜面平整时，光线会均匀地反射到白卡纸上；当镜面形成凸透镜时，反射光会向不同方向扩散；当镜面是凹透镜时，光线则会在白卡纸上聚拢。

实验二：用白卡纸传播光线

反射光线的照明和直射光不同。这个实验需要两人在可以调光的室内完成。

你需要准备的材料：

- 一把椅子
- 手电筒或一盏去掉灯罩的小台灯
- 一块大白板

1 让你的朋友坐在椅子上。

2 将房间的灯微微调暗一些，打开手电筒，将光线打在你朋友的脸上（不要直接照在对方的眼睛上）。观察直射光制造出的影子。

3 举起大白板，靠近你朋友的脸。先将光线照射到大白板上，然后反射到你朋友的脸上。这时脸部的影子会发生什么变化？移动大白板，换一个角度来反射光线，找到那个光线最明亮的点，这时的影子看起来像什么呢？

发生了什么？

通过反射光线，你可以改变光影效果。肖像摄影师经常会采用这种技巧，因为这样能够得到更柔和的光线，使模特的脸看起来更年轻。

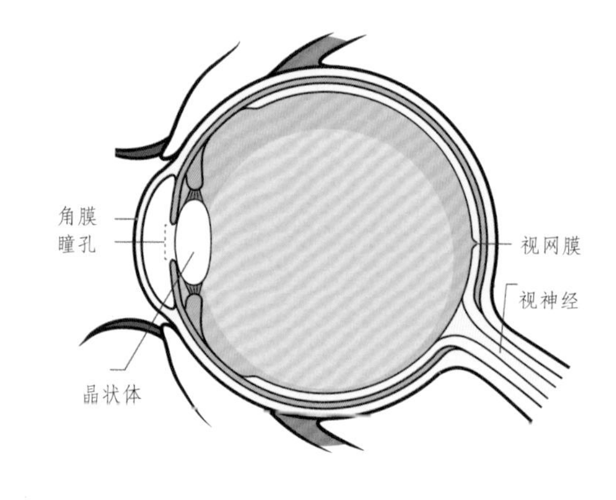

光和眼睛

让我们看看

光线不仅能让我们感知到色彩，事实上，它还能让我们看到周围的一切事物。在我们看东西的时候，有一个非常有趣的现象，那就是我们看到的所有东西都是倒着的！之后，我们会再通过大脑将这些看到的东西颠倒过来。

眼睛是怎样工作的?

角膜是眼睛外层前部的透明部分，具有保护眼睛的作用，光线正是通过角膜进入眼睛的，接着角膜会再引导光线穿过瞳孔。瞳孔看起来像是虹膜中央的一个小黑点，是眼睛中最多彩的部分。但那不是一个点，而是一个开口，它可以改变其大小，从而控制光线摄入的多少。

光线穿过瞳孔后，会再穿过紧挨着瞳孔的晶状体，晶状体最终会将光线送到眼睛背部的视网膜上。视网膜上有被称为感知细胞的视锥细胞和视杆细胞，这些细胞能将光线转换成我们看到的图像，不过它们是颠倒的。

为什么图像是颠倒的?

如果你的晶状体是一个水平平面，而不像眼球那样是弧形的，那么光线就会像穿过窗户进入房间那样穿过晶状体，这样的话，视网膜上收到的影像就是正的了。

由于眼睛和晶状体的形状类似凸透镜，光线穿过的时候会发生折射和弯曲，因此光线会形成交叉角，影像也就颠倒了。随后，视网膜上的细胞会通过视神经向大脑发送信号，在这个过程中影像又会被再次倒转过来。

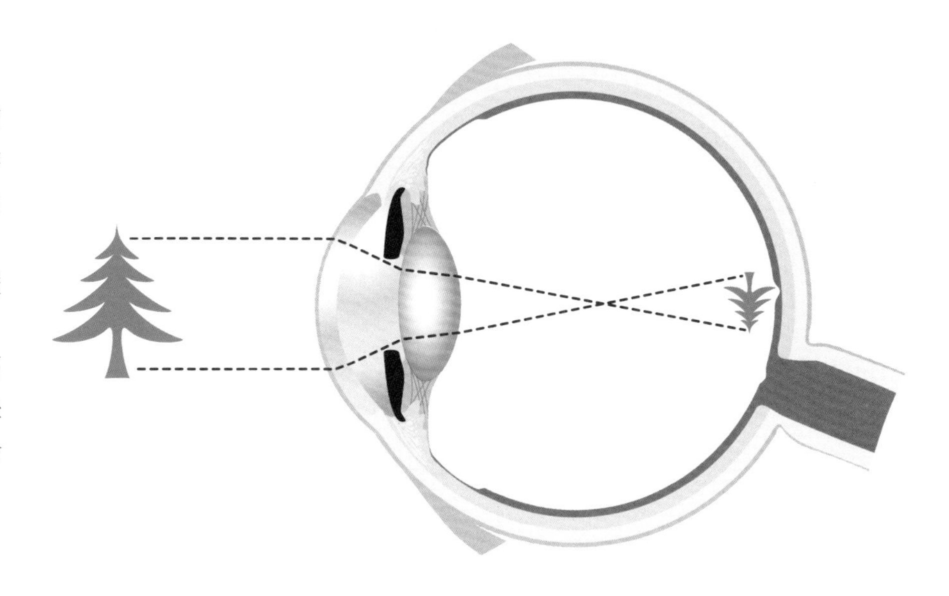

视觉

“视觉”这个词的意思是“和眼睛有关的”。在人体的神经中，视神经的功能很特殊，能将图像从眼睛传送到大脑。眼镜商会测试你的视力，帮助你选择合适的眼镜。眼科医生是专门为你检查眼科疾病的医生。而视觉幻象，它则会欺骗你的眼睛。

照相机的眼睛

在19世纪照相机刚被发明的时候，照相机只是将具有眼睛功能的镜头放在一个盒子里。照相机的光圈则和眼睛的瞳孔功能相似，它能控制光线的进入量。照相机聚拢光线，投射到照相机的背板上，就像眼睛的晶状体把图像投射到视网膜上一样。原先，照相机背板上装有一个玻璃板或胶卷，以此来记录图像。如今，玻璃板已经被淘汰，胶卷也少有人用，数码相机成了主流。

和眼球内发生的一样，光线通过镜头投射形成的影像是颠倒的。但是照相机并不需要大脑来进行倒转，因为你把底片拿出来冲印成照片后，直接将照片倒过来看就行了。

实验

制作一台暗盒相机

你需要准备的材料：

- 硬板纸盒（最好是鞋盒或纸巾盒）
- 5厘米宽的胶带
- 铅笔
- 直尺
- 美工刀，请一位成年人帮忙使用
- 切割板
- 剪刀
- 蜡纸
- 厚铝箔
- 针
- 大头钉
- 大块不透光布料（毛巾或桌布）

在这个实验中，我们要自己动手制作一台暗盒相机，或者称它为暗箱。在达·芬奇之前，科学家和艺术家们就开始使用暗箱。有时，他们甚至会搭建一间巨大的暗房，用房间来代替盒子。

最简单的暗盒相机是在箱子上用一个小孔作为光圈，让光线进入盒子。这个小孔通常是用针戳的，因此孔非常小，能够收拢光线，并翻转图像。你在做这个实验的时候，还可以在光圈前放一块便宜的放大镜，观察会有怎样的效果。

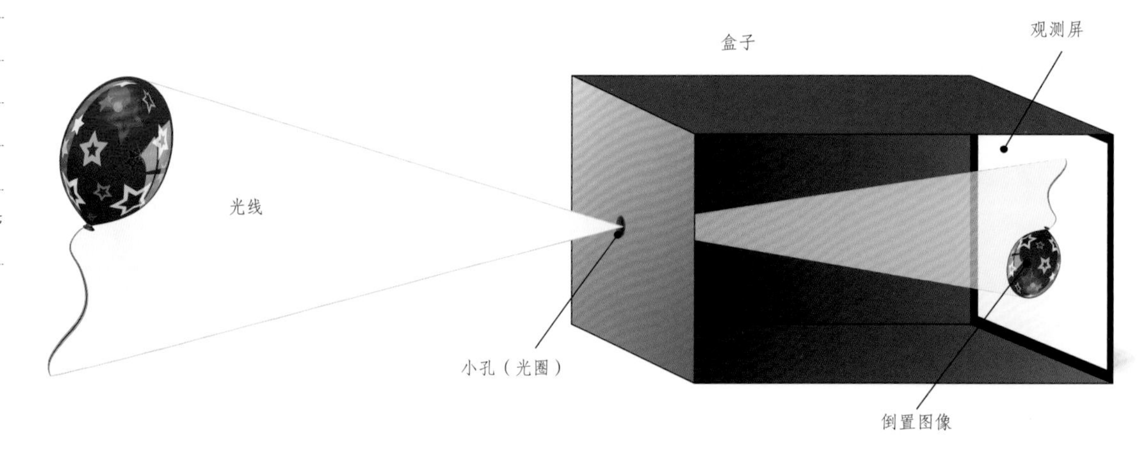

准备暗盒

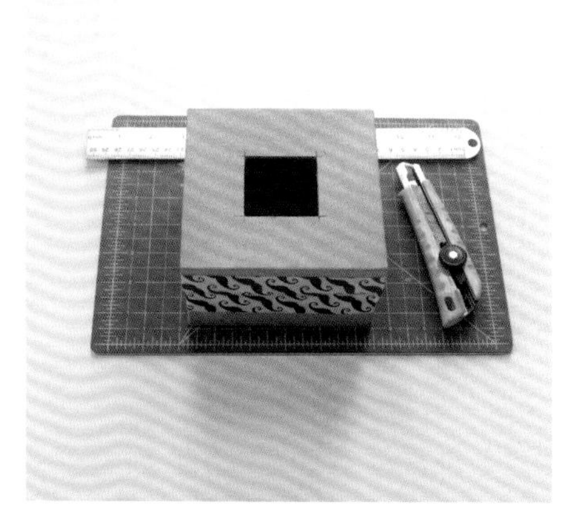

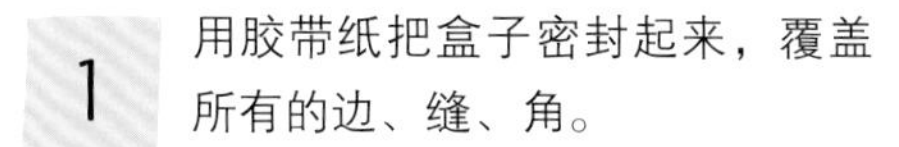

1 用胶带纸把盒子密封起来，覆盖所有的边、缝、角。

2 在盒子两端的中央画一个边长为5厘米的正方形。

3 用美工刀把这两个正方形裁下来，一个会成为观测屏，另外一个则会被当作光圈使用。

制作观测屏

1 用剪刀剪一块边长为7.5厘米的正方形蜡纸。

2 将蜡纸覆盖在之前开的边长为5厘米的方形孔上，并用胶带将蜡纸和纸盒粘在一起。

制作光圈

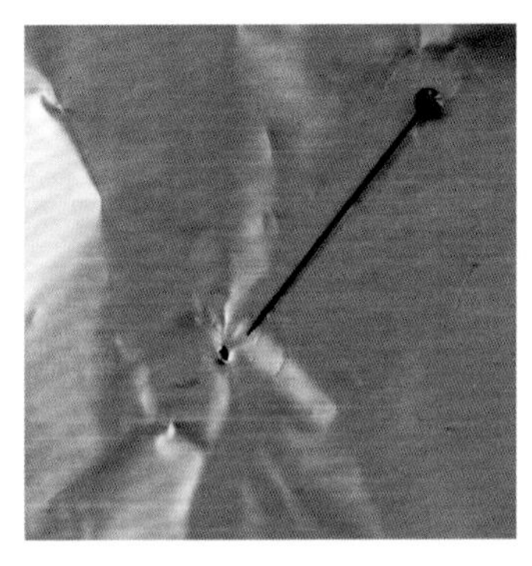

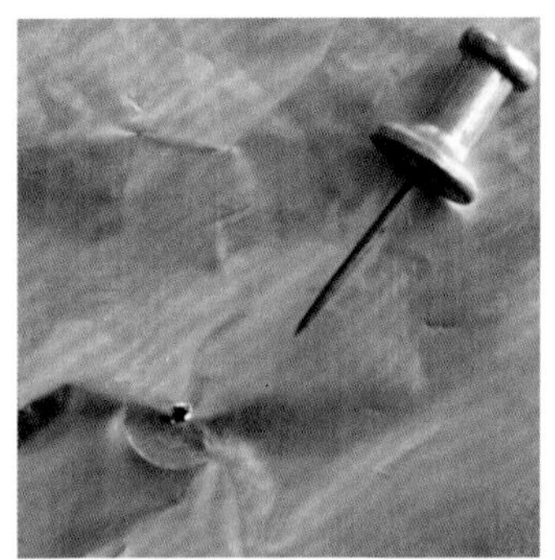

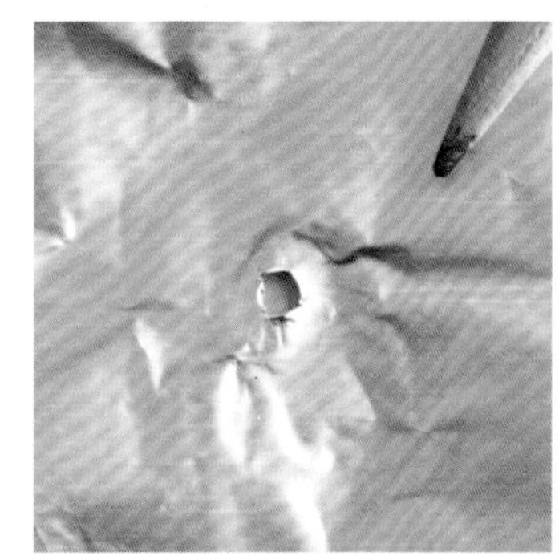

1 用剪刀剪三块边长为7.5厘米的正方形铝箔。

2 在每一块方形铝箔上都做一个光圈。

A.用针戳一个小孔作为光圈，直径约0.8毫米。

B.用大头钉戳一个小洞作为光圈，直径约1.6毫米。

C.用铅笔戳一个较大的洞作为光圈，直径约为3毫米。

3 将光圈最小的方形铝箔放在纸盒的第二个开口上。注意：光圈必须要在方形开口的中央。

4 用胶带把铝箔贴在盒子上，封住所有的边缘，使光线只能通过铝箔上的洞进入。将另外两个光圈留到下次再使用。

开始观测

1 打开一盏灯，将相机的光圈对着灯光。蜡纸做成的观测屏和眼睛间的距离保持在20.5厘米左右。

2 用布将你的头和部分观测屏包裹起来，避免光线从其他方向进入视线。注意别把光圈遮住了。

3 观测的时候要使观测屏保持稳定，很快你就能看到灯的影像了。注意你观测到的影像，它是正的还是倒的？光线强度如何？图像是否清晰可见？

4 换一个光圈，重新观测。

5 记录下你的观测结果，光圈越小，影像越小且越清晰。大光圈能扩大影像的尺寸，但图像对焦会略显模糊。这是什么原因呢？因为光线会从更多不同的角度进入，使图像虚化变得模糊，并且图像会被放大。

把图像变大！

如果将一块便宜的放大镜放在光圈后面，会发生什么？用胶带把放大镜固定在盒子内，紧贴光圈。

更大！

用一个超大的纸盒制造一个巨大的暗盒相机，大到你和你的朋友都可以坐在里面。

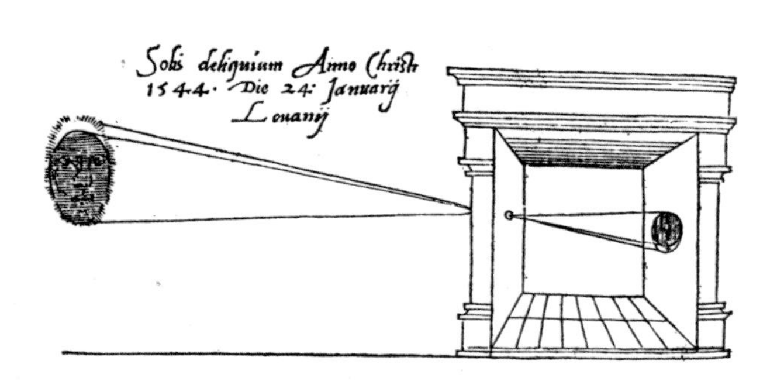

这幅图绘于1544年1月，是历史上第一幅图解版暗盒相机。这是一个房间大小的相机，从图示来看，这个相机曾经被用来观测日食。

阴影的本质

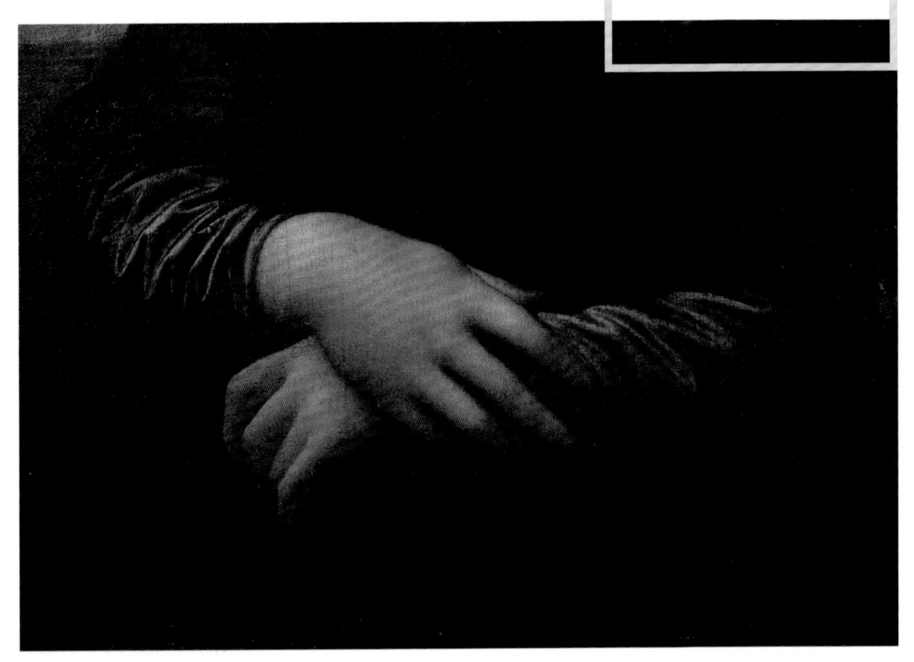

蒙娜丽莎的手部特写，大约创作于1503～1506年。

“阴影是躯体展现其形态的方式。”达·芬奇这样写道。这意味着阴影能让我们感受到物体的三维体积感。大多数人都不会过多地关注阴影，但是达·芬奇例外，他在笔记本上写了一页又一页关于阴影的研究成果。

达·芬奇意识到理解阴影对一个艺术家的重要性。光让我们看见色彩，然而如果没有阴影，我们就只能看到每种颜色的单一色调。

如果没有阴影，上图中蒙娜丽莎的手就不会有立体感，而只是用单调的黄色调来表现，就好像从别的地方剪了一小块色块硬放在那里一样。阴影使色调产生了丰富的变化，让这双手看起来具有立体感，让手指显得圆润，甚至你都可以将手伸进画里和她握住一样。

仔细观察蒙娜丽莎的手部特写，看看达·芬奇还做了些什么。他这样写道：“阴影，可以是全暗，也可以是有梯度的灰阶（明暗程度）。”在原色的基础上，阴影可以很亮也可以很暗。手指的肤色会随着远离光源而逐渐变暗。

阴影的定义

简单来说，当某物部分或全部遮住光源时，就会产生阴影，阴影也被称为影子。如果你想进一步研究阴影，那么不妨和朋友一起从最简单的影子肖像，即剪影开始。

这把椅子和屏风的组合十分特殊，它被称为“能准确而方便地画出剪影的设备”（约1790年）。

画剪影

你所需要的是一大张纸、胶带、台灯、凳子或者低背椅、铅笔和一位朋友的协助。把纸用胶带粘在墙上，将灯放在离墙面约2米远的桌子上，座椅放在墙和灯之间。让你的朋友坐在椅子上，随后打开灯，将朋友的影子投射到纸上。你可以反复调节画纸的高度，以及台灯与墙面的距离，直到你觉得适合为止。你还可以调整灯光的角度，以制造出有趣的变形的影子。之后，用铅笔沿你朋友影子的轮廓画下来（别太在意细节，不然你的朋友长期保持一个姿势会很难受）。画完以后，你可以选择把画从墙上取下来，单独作为一幅作品欣赏，也可以选择将影子肖像剪下来贴在对比色的背景上。黑底白像或白底黑像是肖像剪影的传统表达方式。

在室外，你也可以用照相机来帮助你进行影子实验：尝试在一天内的不同时间来拍摄同一个姿势。

剪影潮

从18世纪末开始，人们掀起了一股疯狂的肖像剪影潮，这一浪潮更是持续了几十年。艺术家们带着“肖像机”到处接活，他们可以把这种设备架在别人家中使用。有时，家里的每个人都想拥有一幅自己的剪影肖像画，在这种情况下，肖像通常是微缩的。画家通过调整灯、座位和透明幕布之间的距离来控制肖像的大小。由于画纸附在幕布的背面，因此画家通常都是在背面画出剪影轮廓的。随后，画家还会在剪影上涂上墨水，或直接将剪影剪下来附在另一张纸上。

这是1821年，著名科学家迈克尔·法拉第为他的妻子萨拉·法拉第（1800～1879）绘制的剪影。

实验

制作皮影戏

你需要准备的材料：

- 铅笔
- 纸
- 硬卡纸或硬纸板
- 剪刀或美工刀（需要成人帮助）
- 小木棍
- 胶带
- 打孔机
- 黄铜紧固件
- 细绳
- 白色布帘
- 去掉灯罩的台灯

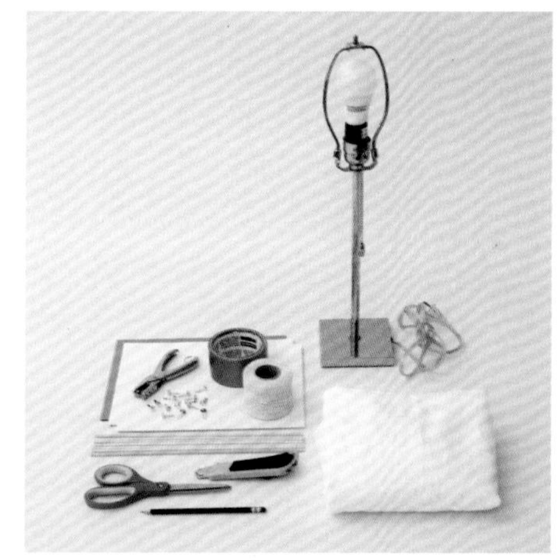

皮影戏起源于一千多年前的中国。通过皮影戏，你能学会如何用影子来讲故事。

你可以和朋友一起，将你们喜欢的童话故事改编成一出皮影戏，或是用你们自己想出来的角色创作一出原创剧。

要完成这样一出戏，你需要一块可以挂在门框或晾衣架上的白色布帘。观众坐在布帘的一边，你和你的朋友作为表演者在布帘的另一边，你们的身后是光源。演出的时候，你们可以平躺下来，用小棍子来操纵皮影（布偶戏的控制方式也与此类似）。

为了让布帘另一边的观众能看清皮影，皮影的大小至少需要25～30.5厘米。只有对皮影角色进行部分夸大，如蓬松的头发、巨大的鼻子、细长的腿，观众才能更好地理解角色。

1 列出你表演所需要的角色，并决定哪些角色需要可动关节，哪些则不需要。

2 对于那些不需要可动关节的角色，只要在硬纸板上画下来即可，但你要特别注意角色发型、帽子、手和脚的位置，添加尾巴以及其他有助于表现角色特征的细节。画完后，用剪刀或美工刀将其沿轮廓剪下或刻下。如图所示，将剪下的纸放平，背面朝上，中间放上小木棍，用胶带固定。

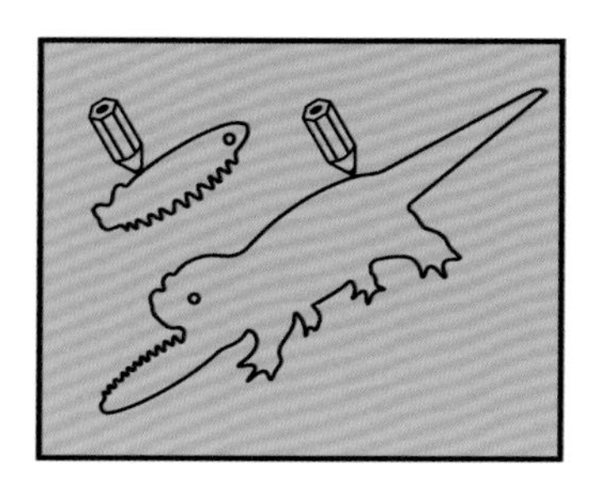

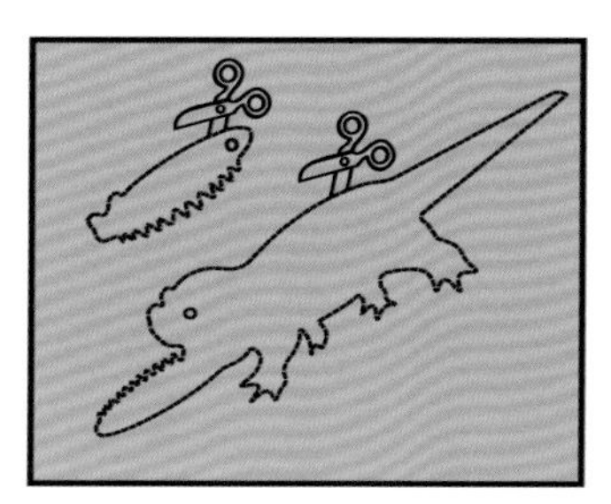

3 对于那些腿、手臂、嘴巴或翅膀需要活动的部分，可以先在硬纸板上画出主体内容，然后再单独画出可动部分。若需要手臂可动，就把肩膀到手肘部分单独作画，再把手肘到手指部分单独作画。注意：这里至少要留出1.3厘米的额外长度，以作为连接处重叠的部分。

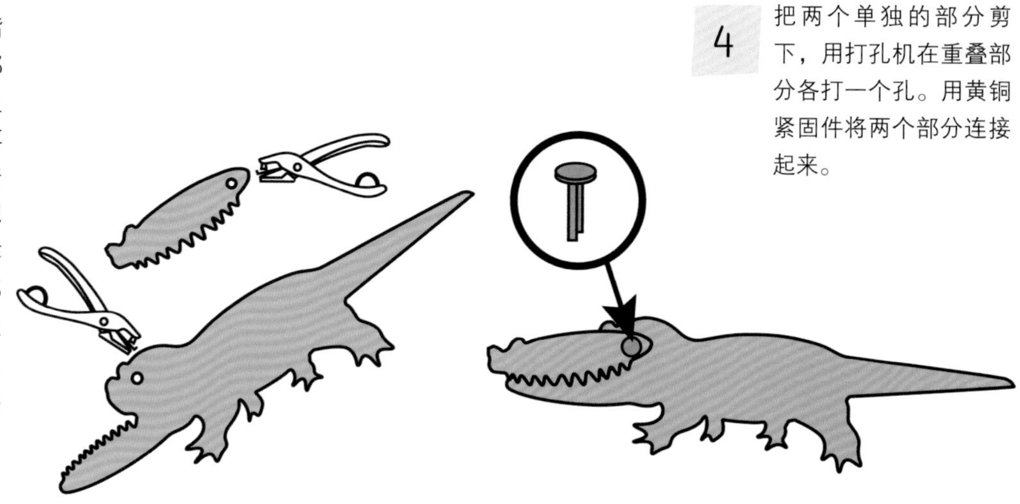

4 把两个单独的部分剪下，用打孔机在重叠部分各打一个孔。用黄铜紧固件将两个部分连接起来。

5 将皮影背部朝上放置，在身体以及每个可动部分上，用胶带将小木棍固定住。比如一个皮影的两个手臂可动，那么就需要在身体和每个手臂上都粘上小木棍。

6 现在到布帘后面去，打开身后的光源，身体面朝上躺下，拿起皮影。将房间里其他的灯都关掉，检查布帘的另一面，以保证皮影戏能清晰呈现。

7 开始你的表演！

将探索更进一步

再多做一些实验，看看是否能让你的皮影戏剧场产生更好的效果。

1. 将皮影靠近布帘，观察影子会发生什么变化；将皮影远离布帘，观察影子会发生什么变化。
2. 移动光源，改变光线照射的角度。当你在观察皮影时，可以请朋友帮助移动光源，以便观察影子是怎样随光源的移动而变化的。
3. 用彩色卡纸制作皮影，为皮影增加色彩。裁剪一些彩色剪影，和其他皮影一起放进皮影戏台，还可以通过为皮影粘上彩色塑料纸或彩色卡纸来增加色彩。
4. 将皮影投射到墙上，思考如何得到深色的影子，如何得到浅色的影子。
5. 在皮影戏台上布置背景，使其更丰富且更具有活力。

难题：

电影一秒有24帧，那么一部65分钟的电影需要多少帧呢？

这幅剧照出自洛特·赖尼格尔的《阿基米德王子历险记》，于1926年上映。你会发现这些剪影拥有着细腻的造型和生动的细节，需要非常娴熟的技巧和耐心才能做到。

剪影动画

1926年，德国导演兼艺术家夏洛特·洛特·赖尼格尔创作了第一部皮影动画电影，名为《阿基米德王子历险记》。她发明了一种名为“剪影动画”的技巧，即用错综复杂、数以千计的剪影照片拼接出一部无声电影，同时也将这些童话故事变得立体起来、栩栩如生。

绘画中的明暗对比

形成边界的线条几乎不可寻，所以画家也不应用线条来勾勒身体。

——达·芬奇

这是什么类型的绘画？

“明暗对比”这个词源自意大利语，意思是明与暗。对于画家来说，明暗对比是一种通过明与暗对比，使画作具有立体感的绘画技巧。在达·芬奇看来，画家的首要目标就是要让画作走出平面，显得真实立体。

最初，达·芬奇在韦罗基奥的工作室里只是个学徒，因此他并没有机会在重要画作中去画人的脸或手，他的任务是画人物的衣服，而人物本身则是由大画家亲自描绘的。然而，即使是画人物的衣服，达·芬奇也能意识到阴影的重要性，只有处理好了画面中的明暗关系，才能让画作看上去非常真实，给人一种触手可及的感觉。

这是达·芬奇画的褶皱织物，明暗对比运用得非常好，约绘于1475~1480年。

《西莫内塔·韦斯普奇的肖像画》，由桑德罗·波提切利绘于1485年。

《一个米兰宫廷女子的肖像画》，由达·芬奇绘于约1490年。

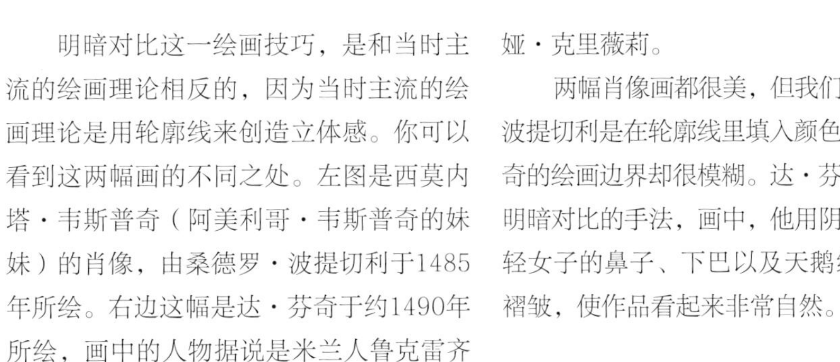

明暗对比这一绘画技巧，是和当时主流的绘画理论相反的，因为当时主流的绘画理论是用轮廓线来创造立体感。你可以看到这两幅画的不同之处。左图是西莫内塔·韦斯普奇（阿美利哥·韦斯普奇的妹妹）的肖像，由桑德罗·波提切利于1485年所绘。右边这幅是达·芬奇于约1490年所绘，画中的人物据说是米兰人鲁克雷齐娅·克里薇莉。

两幅肖像画都很美，但我们可以发现，波提切利是在轮廓线里填入颜色，而达·芬奇的绘画边界却很模糊。达·芬奇擅长使用明暗对比的手法，画中，他用阴影来表现年轻女子的鼻子、下巴以及天鹅绒袖子上的褶皱，使作品看起来非常自然。

黑与白

明暗对比需要多种颜色来制造绘画的立体感，但是黑色和白色是最能直接获得这种效果的。你可以尝试临摹从杂志上找到的银器图片，只需要黑色或灰色的画纸，以及黑色和白色的粉笔或蜡笔即可。

先用浅色的轮廓线画出物体的草图，然后再画出照片中的渐变色调。从最明亮的白色开始，渐渐过渡到阴影的灰色，再到最深的黑色。你可以用棉签，或用软布、纸巾裹住食指，以此来混合粉笔或蜡笔的色调，这种方法很有用。你知道吗，黑色+白色=银色？

实验

描绘纯白色的静物

通过绘画完全没有颜色的静物来研究光影效果。

1 将白纸或白布铺在桌上，并在桌上摆放一组白色的静物，可以是空的白色礼物盒、一个球、一个你用白纸制作的圆柱体或圆锥体。

你需要准备的材料：

- 一张大白纸或一块白色桌布
- 白色的静物，如碟子、杯子、盒子、衣服，或是你自己用纸做成的三维物体
- 手电筒
- 绘画本
- 铅笔

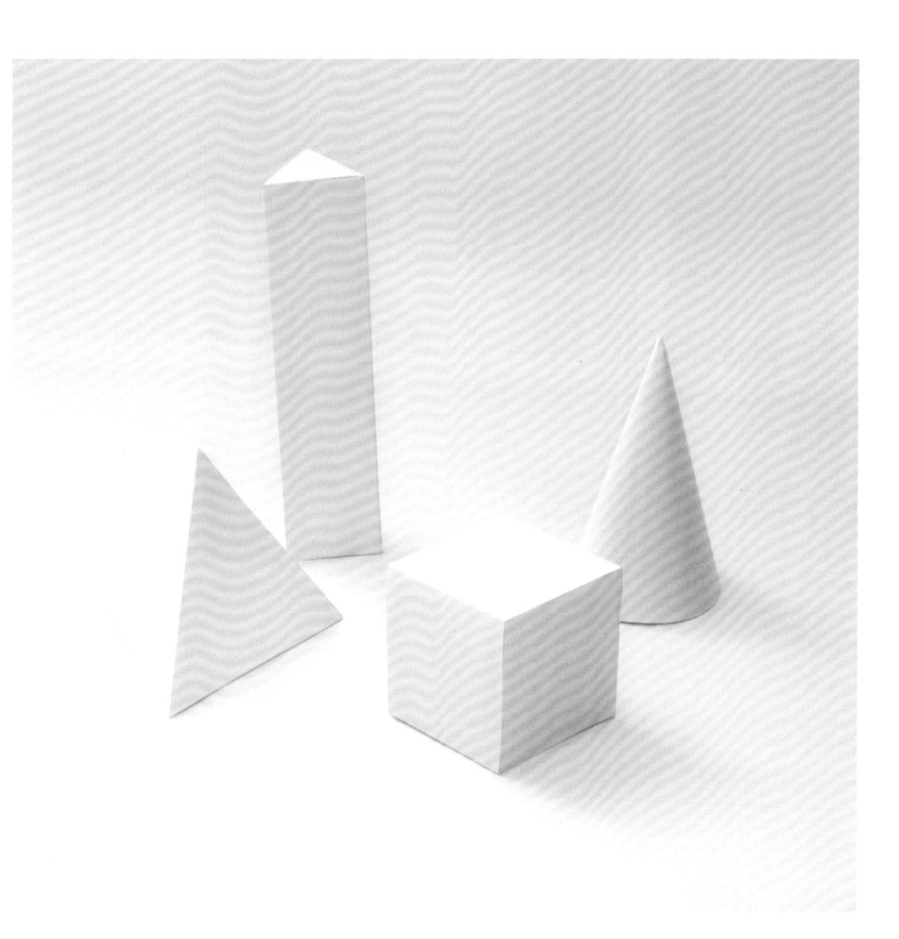

2 关灯，将手电筒的光打在静物上。

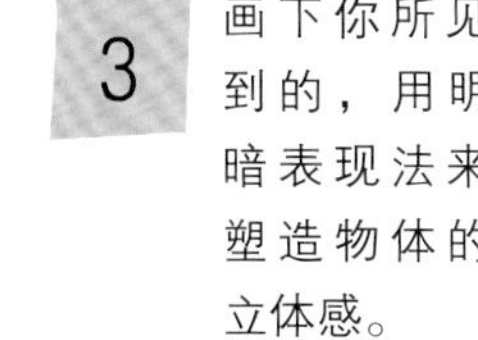

3 画下你所见到的，用明暗表现法来塑造物体的立体感。

试试看：

尝试用不同的方式调整光源。当光源接近静物时，你观察到的阴影是怎样的？当光源远离静物时，阴影又会发生怎样的变化？光源在静物后面时，阴影是怎样的？怎样做才能让影子看起来长一些或短一些？

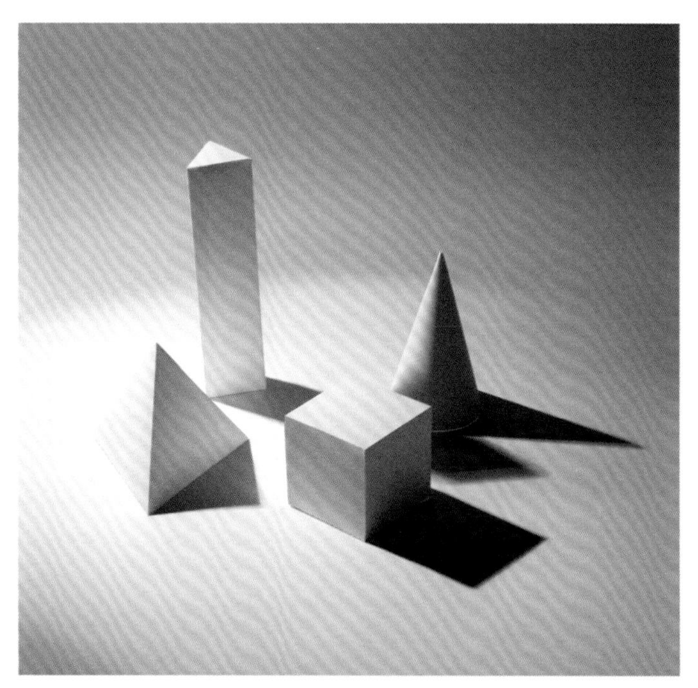

五点钟的阴影

在达·芬奇的那个时代，机械钟就已经被一些人所使用。但是那些钟又大又重，而且很少见，因此人们的家里以及大多数工作的地方并没有钟。为什么在没有钟的情况下，人们还是能知道时间？这是因为太阳和影子的位置像钟一样，能告诉我们时间。

早上，太阳在东边的天空，看起来很低。此时的影子很长，并指向西方。

随着地球转动，到下午的时候，太阳看上去略微偏西。太阳光的角度也变了，影子逐渐变长。

在达·芬奇的时代，钟是不能随意搬动的。这是达·芬奇设计的一台机械钟。

中午，当阳光从头顶直射，影子直接落在脚下。在上图中，海滩上遮阳伞的影子告诉我们这就是中午。

下午两三点时，影子变得完整了，能展现出事物完整的形状。

到了傍晚，太阳落到西方，影子则朝向东面，并且被神奇地拉长了。

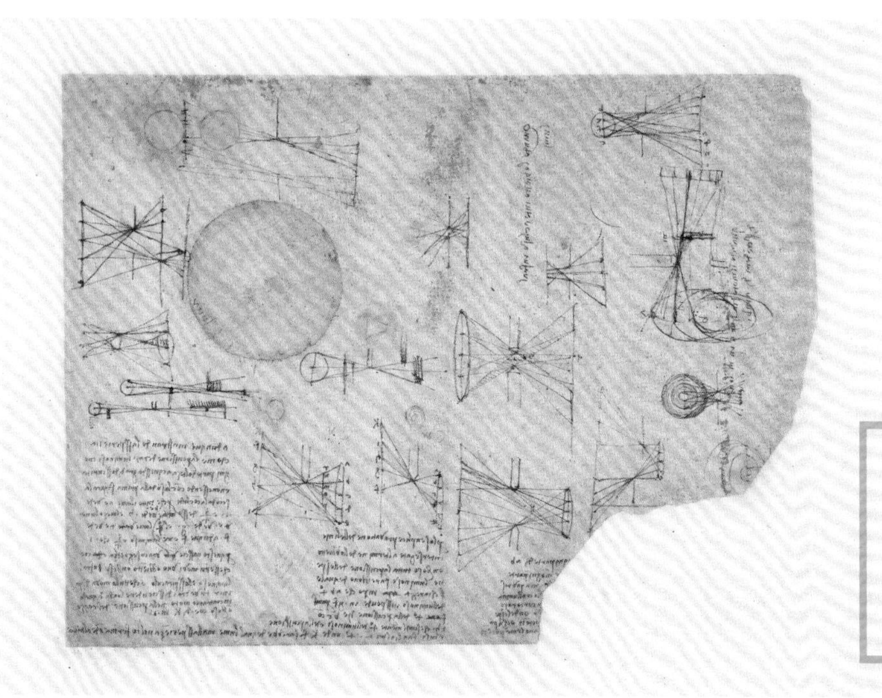

如果你生活在一个无钟、无表，更无手机的年代，你必须得学会如何根据自己或别人的影子来判断时间。

事实上，影子与钟表有着很多相似之处。影子的位置一整天都在变，早晨在西，下午移到了东面，而且移动轨迹正好是顺时针方向。

达·芬奇对光影变化十分痴迷。从左图中，我们可以看到他画了很多草图，探究在不同角度的光线下影子是如何变化的。

实验

自制日晷

机械钟表被发明之前，人们是通过在地上插一根杆子，再观察其影子的方法来读取时间的。这很有用，正如你之前所看到的，影子的移动是沿顺时针方向进行的。

人们发现，将杆子或日晷的指时针以某个角度插在地上时，其传达时间的准确度是最高的。这是因为地球的自转轴本身就存在一个角度，指时针需要根据你所居住地区的纬度调整角度。因此，如果要制作日晷，就先要知道自己所在的纬度。

指时针的英文“Gnomon”源于古希腊，意思是“知情者”。

日晷要准确，投射阴影的杆子（或指时针）就需要和日晷所在地的纬度相匹配。

谜语：

日晷是最简单的计时器，那部件最多的计时器是什么呢?

答案：

是沙漏。每一粒沙子就是一个部件！

地球像是绕着一根看不见的轴在自转。纬度线位于赤道的南面和北面，纬度线与赤道平行，且一圈圈地围绕着地球。在下图中，我们可以看到地球上不同角度的纬度线。

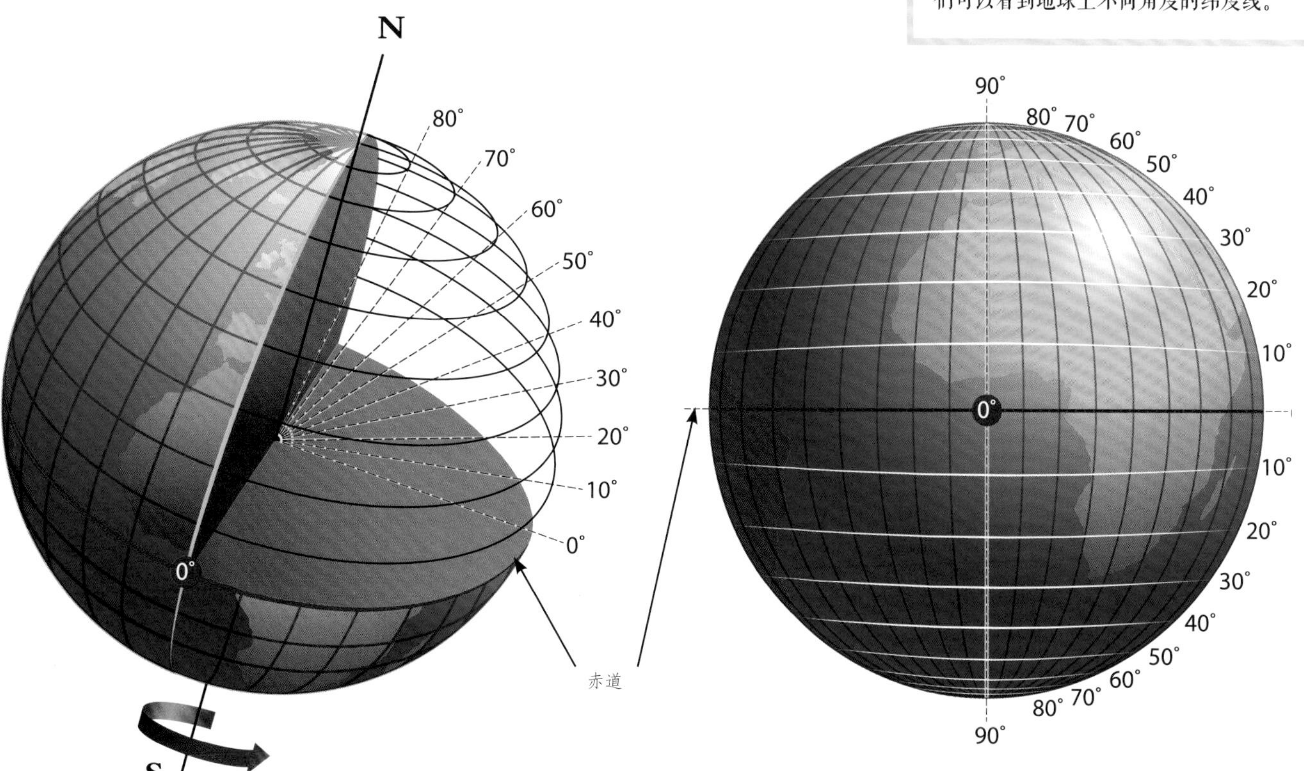

找到你的纬度

首先，你要从地球仪或网上找到你所在地区的纬度，如马拉喀什31.38°、伦敦51.3°、墨尔本37.5°、巴黎48.5°、蒙得维的亚34.5°、东京35.41°。记录下你所在地区的纬度。

找到适合的平面和投影杆

接下来你需要进行户外调查。找一块平地搭建日晷，露天空地是最好的，因为可以方便看到那些你将要用到的标记。你还需要一根坚固的杆子用来投影，长约30厘米，或更长一些。它可以是一把旧扫帚柄、一根园艺的桩子，或是一段笔直的树枝。

如果杆子足够结实，那么你还需要找人来帮忙，把杆子的一端用刀削尖，再用锤子夯进地面。否则，你得用铲子在地上挖一个洞，再将投影的杆子放进去，然后把土回填压实。后面还有很多步骤，但现在，你只要先找到地方，并找一根合用的木杆。

时间

挑一个晴朗的早晨开工，搭建日晷大约需要20分钟，之后每个小时你需要花5分钟的时间来记录，也许根本用不了5分钟。

你需要准备的材料：

- 黑色记号笔
- 一张纸
- 鹅卵石，约50～60粒
- 量角器
- 木杆
- 指南针
- 带闹钟功能的手表或钟

1 将这些东西带到你选中的空地上去。

2 取12颗鹅卵石，用记号笔分别标上数字1～12，来标记日晷的时间。

3 用指南针找到北，然后将木杆平放在地上，指向北方。

4 用量角器标出你所在地区的纬度，木杆插入的角度和纬度要保持一致。木杆必须要指向北方，你要做的只是将日晷的指时针对准地球的自转轴。

5 设定闹钟，每小时响一次。

6 闹钟停了之后，观察木杆的影子。从木杆的根部，用一排鹅卵石记录其影子的长度，末端则用标有数字的鹅卵石来表示时间的先后。在纸上记录下时间，以及当时太阳的位置。

7 白天的每个小时都要记录。

看看我们留下的鹅卵石记号，它们代表了影子的长度，那么影子最短和最长的时候，太阳分别在天上的哪个位置呢？日晷上标号的鹅卵石是否按照顺时针的顺序排列了呢？

发生了什么？

地球总是沿着自转轴自西向东缓慢自转，日晷每天计量的就是地球的自转。影子的变化是因为地球是绕着太阳转的，影子的长度和日照的时间始终是变化的，随着地球的转动，每小时、每天、每个地方都在发生着变化。

第三章

线条与图案

跟着线条走

瑞典艺术家保罗·克利（1879~1940）曾这样说过："线条就是行走的点。"他一点也没说错。线条是由无数的小点组成的，它可以指向你所能想到的任何方向。现在，线条将为你引路。

一根简单的线条就能勾画出大片的风景。

保罗·克利于1922年创作的作品《渴望远方》，它由水彩和墨水绘制而成。

线条的语言

在语言中，线条具有描述的作用。绘图中的线条也一样，它有着自己的视觉语言，就像一种代码。你可以用线条来表达创意、动作，象征意义和感觉。画中的线条既能表现现实中的事物，也能表现抽象艺术。人们用线条来描绘平面、材质、图案或明暗的程度，因此，线条是用来描绘我们所见物体的重要视觉元素。

15种线条表现

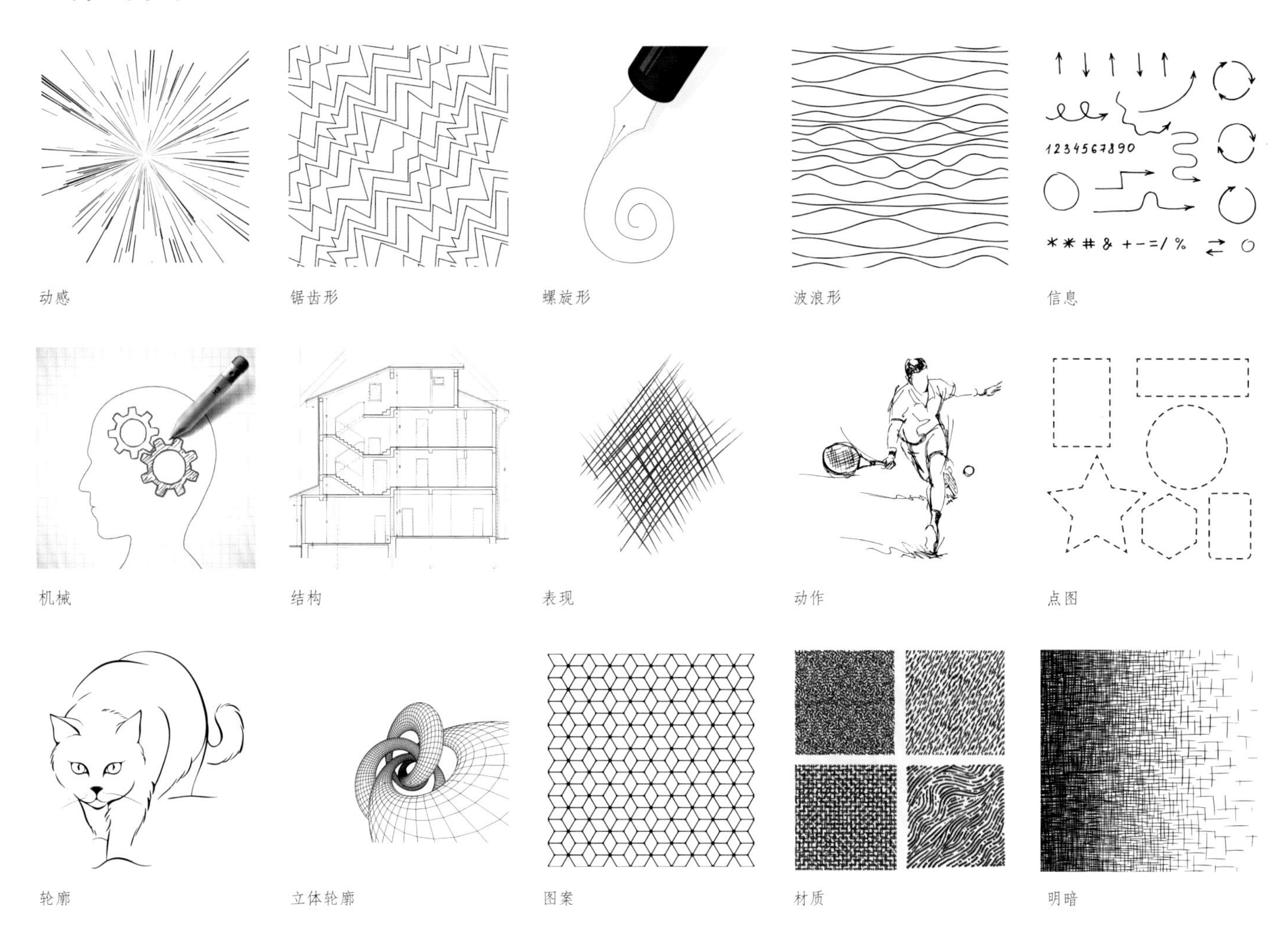

动感　锯齿形　螺旋形　波浪形　信息

机械　结构　表现　动作　点图

轮廓　立体轮廓　图案　材质　明暗

自己尝试：线条与思想之间联系的实验

画一条水平线，这条线会让你想到什么？它是在向你暗示这是一条地平线吗？它是要你沿着这条线剪开吗？也许，你会觉得它是一段小路或是一根意大利面呢！

将线条旋转，使其直立，或是以一个角度倾斜，这时你又会想到什么？你觉得它是一座山？也许，你觉得是什么东西正在向上生长，或向下掉落，或射向天际？

现在，画出一个圆形的95%，留下一个缺口。这段缺失的线条，我们把它称为隐含线。隐含线是一段看不见的线，当线条的两端靠近，大脑会暗自在视觉上将它们连接起来。当线条连起来时，它就构成了一个完整的圆。

有意义的线条

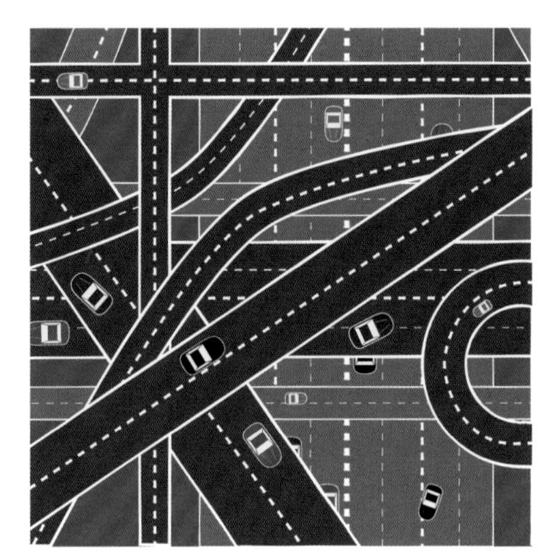

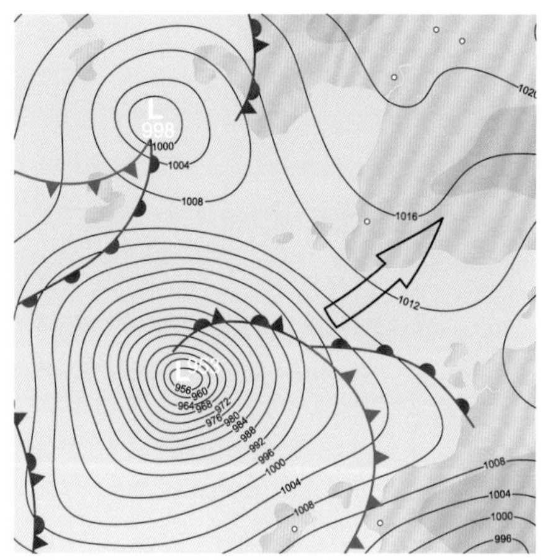

在之前的图表中，我们已经看到了很多线条。回想你在新闻中看到的交通图和天气图，正如上图所示，所有直线、弧线、同轴线、虚线以及指向线都是存在意义的。在没有任何提示的情况下，你知道这些线条的意义吗？

如何用线条来表示天气？

你可以用线条来表示天气。你将如何画出正在前进的冷空气、热浪、雷暴雨、阴天或温度变化呢？将这些都逐一记录下来吧。

找你朋友试试

画出你所在的地区或国家的简单轮廓地图。然后用彩色记号笔，在这张地图上画出你刚刚发明的天气线条。现在可以将这张图给你的朋友看了，看看他们是否能根据你画的线条知道你想表达的天气情况。

我们非常熟悉线条，因为无论在语言中，还是艺术中，都会用到各种不同的线条。试着回答下列问题？

1.什么线条令人烦躁？

2.什么线条不能相交？

3.什么线条应当相交？

4.什么线条表示签字的位置？

5.如何表示“最好”的意思？

6.标语除了Slogan，还可以用什么单词表示？

7.你该如何遵守规则？

8.当你举止不当的时候，你在干什么？

9.你要指出什么的时候，你会怎么做？

10.你要改变规则的时候，你会怎么做？

答案

1.停车线。2.沙子上画的线。3.终点线。4.虚线。5.线条顶端。6.Tagline。7.按指示线排队。8.越线。9.言外之意（Read between the lines）。10.移动目标线。

实验

用自制的绘画工具重构线条

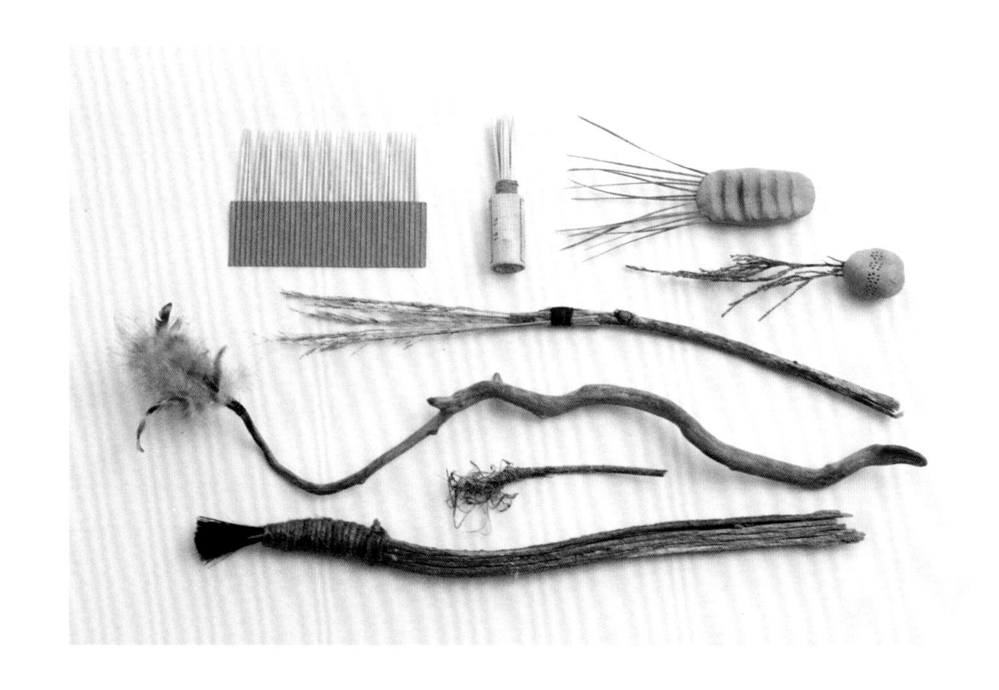

在这个实验中，你将要使用自己制作的刷子和记号笔，来画出不同粗细、颜色、形状和感觉的线条。制造刷子和画笔的材料来自家里和院子。你可以自己单独制作，但如果和朋友一起制作的话会更有趣。

这里我们分两步：首先把工具制造出来，然后再看看用这些工具会表现出什么不同的效果。

收集材料

首先你需要发挥想象力，搜集各种能用来制作刷子和其他绘画工具的材料。因为这些工具能用很久，所以当你制作的时候，并不需要一次就完成所有工具。持续寻找那些制作艺术工具的材料，即使它们也许会很特别（甚至有点怪异）。我们可以给出推荐的材料，但不要被这些建议所限制，凡是能用上的材料都应在你的考虑范围内。

制作工具手柄的材料：

- 树枝
- 花园里的竹桩
- 筷子
- 针
- 硬纸板
- 石头
- 塑料叉和勺
- 铅笔
- 粗电线
- 厨房中的器具

制作工具前端的材料：

- 羽毛
- 牙签
- 抹布
- 松针
- 干草/青草
- 杂乱的线
- 海绵
- 塑料刷
- 线头

用来连接、固定手柄和前端的材料：

- 绳子
- 纱线
- 绣花线
- 皮条
- 电线
- 细绳
- 风干型黏土
- 蜡
- 胶水
- 各种切成细条的胶带

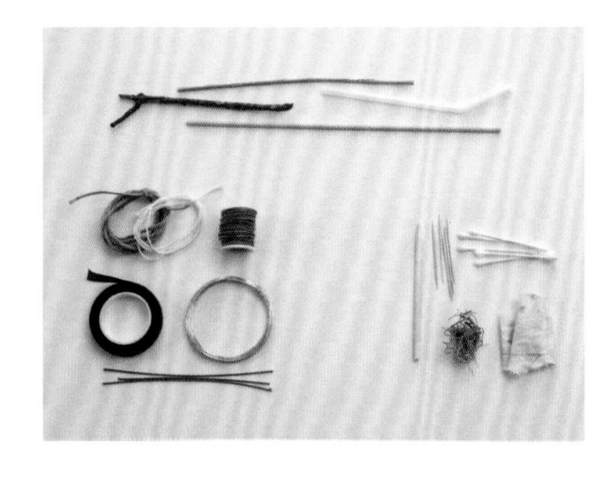

将所有材料按照用途摆放，分别拿出一个制作工具手柄和制作工具前端的材料，然后用最合适的方式将它们连接起来。如果你想做一个类似刷子的工具，可以将羽毛或干草用热熔胶粘在手柄的一端，然后用线固定。

如果你想要的是类似梳子的工具，那么你可以用手感不错的硬纸板作为工具的手柄。然后，将牙签的一端粘上胶水，沿一边插入硬纸板的褶皱中，待胶水干燥。使用的时候，你要像拿梳子那样拿它，蘸了墨水以后可以同时画出许多线条。

你还可以自制一些工具，比如在手柄一端配上一块黏土，然后从不同的角度插上树枝，最后等待黏土风干。

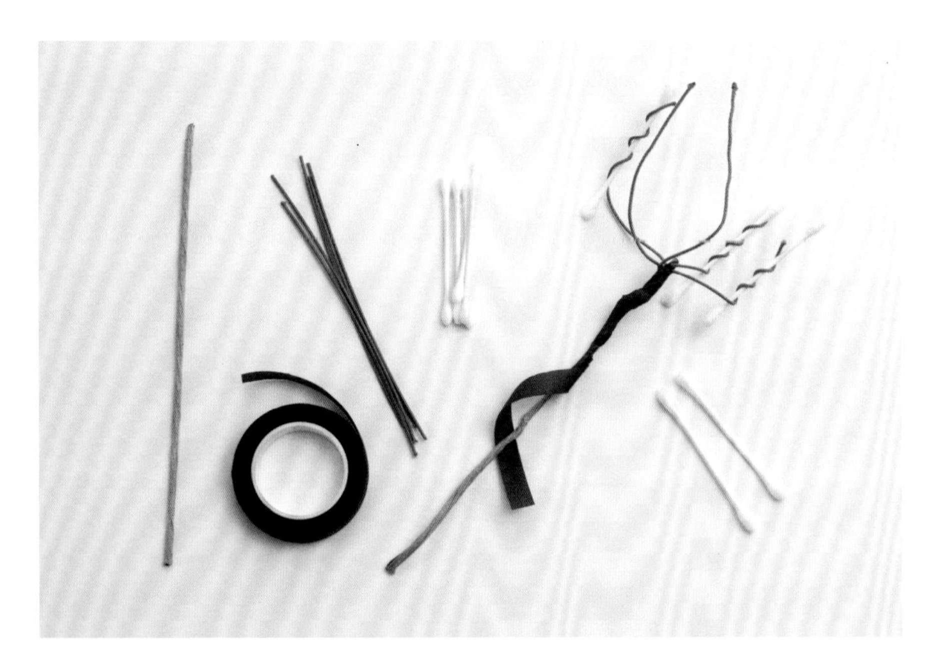

要有创意！这是你独有的工具，无须和别人一样。

现在我们可以来画线了

画线的时候会弄得很乱，所以桌面上最好垫一张纸或一块塑料板，记得还要换上旧T恤或穿一条围裙。

你需要准备的材料：

- 碳素墨水或墨汁
- 水
- 大张的新闻纸、绘画纸或水彩纸
- 两个碗

1 在一个碗里倒入少量的墨水，另一个碗则倒入一些清水。

2 开始试用你的工具。为了让工具的尖端能更好地吸墨，我们可以先将工具的前端蘸些水，然后再蘸上墨水开始作画。

3 你也可以往墨水中加入不同量的水，以得到不同深度的灰墨水，从浅灰一直到深黑。

4 用别的工具重新实验这一过程。思考对于不同类型的图案，用哪种线条来表现更合适。

自制墨水！

碳素墨水由悬浮在水中的微小碳颗粒组成。它持久稳定，能长时间保存。你也可以自己来制作一瓶碳素墨水。

从硬木上搜集一些燃烧过的炭（一小把的量就够了），将这些炭用研钵和杵磨成细粉。加入5～10滴的水，用勺子或搅拌棒搅拌，直到液体的黏稠度和稀奶油差不多就可以使用了。

用线条绘画

在这幅钢笔画中，达·芬奇用线条画出了手臂的解剖图。

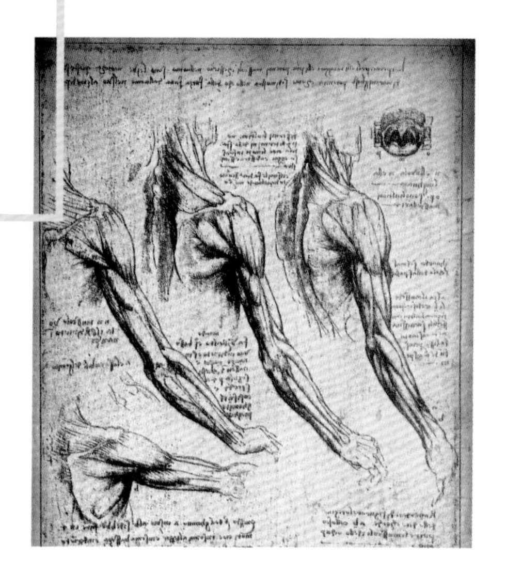

达·芬奇偏爱用明暗绘画法而非线条来创造画面中的立体感，但这并不意味着他就不使用线条。事实上，在他绘画的各种人物、动物的解剖图，科技计划图和工程图样，以及各种草图中，他都一直使用着各种线条。他无疑是运用线条的大师。

精通线条意味着，即使是使用铅笔这样简单的画具，你也可以创造出各种线条，深的、浅的、粗的、细的、直的、弯的、柔和的、尖锐的。你可以让线条看起来像是朝你涌来一般，也可以让线条看起来像是在不断远去、逐渐消失，你还可以用线条来表现物体的质感是柔软的还是坚硬的。

线条是画家将其所见所想表现在纸上的一种方法，运用线条，我们能表现出所看见物体的形状、体积和材质。为了达到绘画时的手眼协调，我们要进行不同类型的绘画练习。

其中一个练习就是对线条的运用，它被称为轮廓画，你也可以试试。

轮廓画

当我们近距离观察事物的边界、褶皱以及裂隙时，轮廓画将有助于我们对其产生一个整体的感受。然后，只用线条将其画下来。

你可以用铅笔或记号笔来画轮廓画，主题可以是自然界中的事物、房间的一角，或是餐桌上的东西，你要画的仅仅是它的外部轮廓线条。反复观察事物，然后在纸上将其画下来。

尽管画作相对简单，无须明暗处理和描绘过多细节，但你依然需要通过线条，表现出你观察到的事物。比如，在画一片草地中的野花时，线条就要表现出花瓣和花茎随风摇曳的优雅。你能从中感受到顶部的花朵渴望阳光，能通过花茎和一些花朵的相互重叠感受到草地的宽阔。画家用线条作画时，表现的可不仅仅是线条。

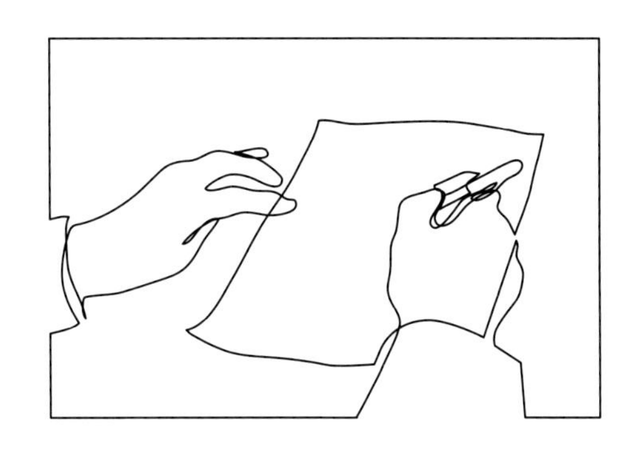

一笔画

下一个练习会更难一些，但也更有意思。在这个练习中，你要用一笔完成一幅画，也就是说你的笔落在纸上后，要一直停留在纸上，只有在画完后才离开。和之前的练习一样，你需要先勾勒出你所临摹的物体轮廓。由于笔不能离开纸面，线条有时会相互交叉和重叠。

画那些并非静止不动的对象时，比如自行车骑手，你通常会对着杂志或上网看着样子进行临摹。而当你熟悉了一笔画的方法后，就可以尝试给自己添加一个时间限制，比如先是一分钟内画完，然后缩减至30秒。很快，你对线条的掌控力就会大大得到提升。

盲画

准备好迎接更大的挑战了吗？那就来试试盲画轮廓吧！

运用这种画法时，你的视线不能停留在画纸上，而要将全部视线都集中在物体上。在盲画的基础上，如果还能运用一笔画，保证中途不提笔，那就更好了。

在完成画作之前，你一定要忍住不去看画。只有严格遵循盲画的要求，作品才会呈现出最真实的效果。这样，当你在观赏作品时，才会发现作品的最终效果是你所描绘物体的抽象表现。

你想做些更有趣的事情吗？叫上你的朋友，运用盲画法，来为彼此画肖像画吧。

实验

在不用铅笔或钢笔的情况下，你会怎样创造线条呢？其实，只要你的双手、一些金属丝以及两个钳子，就能制作出立体的轮廓。

空间中的线条

选择金属丝

有许多粗细不同（规格不同）、硬度不同的工艺金属丝，比如钢丝和铝丝就更硬、更难弯折。有些金属丝很容易弯折，但不容易保持形状，比如细铜丝。有些金属丝则太硬，很难弯折成你想要的形状，比如我们用来制造晾衣架的钢丝。

在这个实验中，我们将用16号铝丝（无处理或黑化处理）或铜丝来进行创作，这些材料在工艺品商店或五金店就能买到。20号钢丝也能用，但和16号钢丝相比要细得多，质感也不好。在购买之前，你可以先用一小段来试试，以判断它的重量是否合适。你也可以自由地选择你认为合适的金属丝来进行实验和创作。

钳子的选择

如果要弯折或剪断16号铝丝，普通的钳子就够了，它是将两根金属丝缠绕连接的最佳工具。

如果要使金属丝达到绷紧、弯折、卷曲或螺旋的状态，我们还需要一把尖嘴钳。尖嘴钳适合用来处理较小的空间。

编织金属丝的方法

所需的材料。

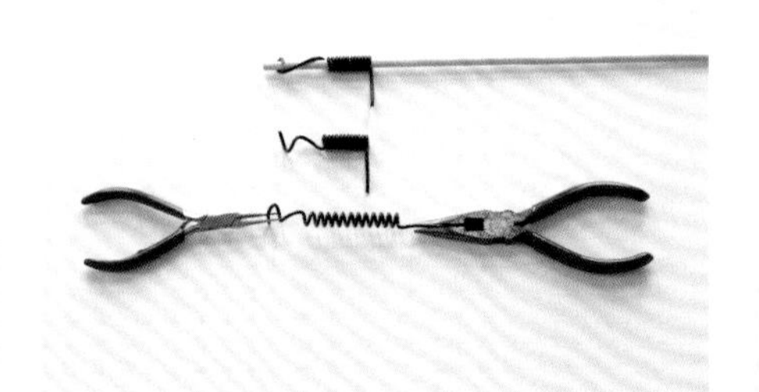

将金属丝紧紧缠绕在竹签上。

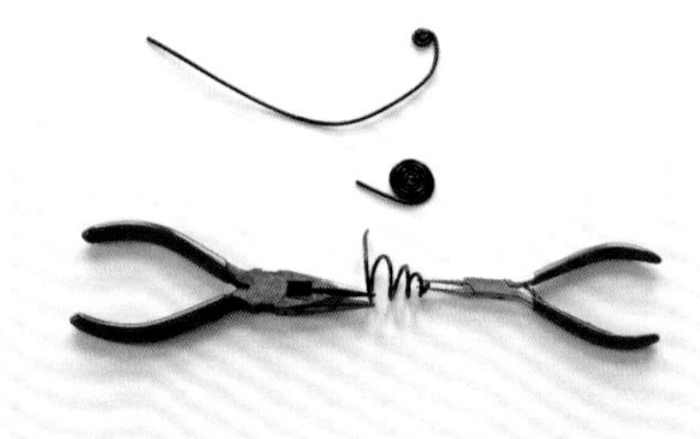

一根卷紧的螺旋形金属丝可以被拉成弹簧形。

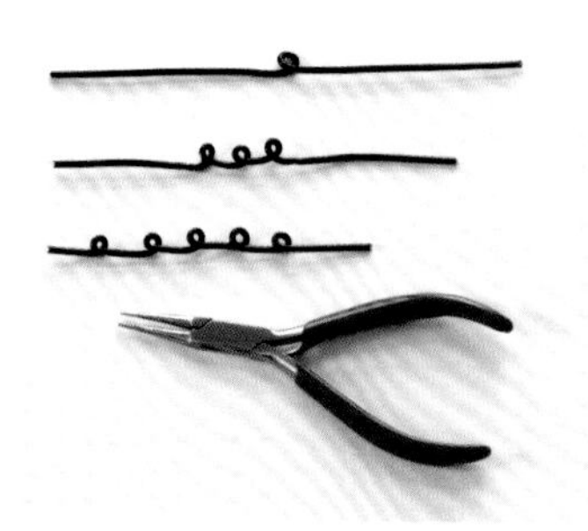

重复一次简单的弯曲，使其成为一种图案。

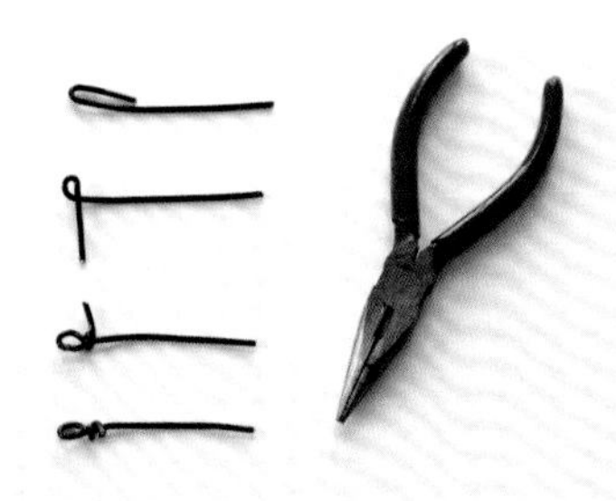

将金属丝沿自身缠绕，形成一个结。

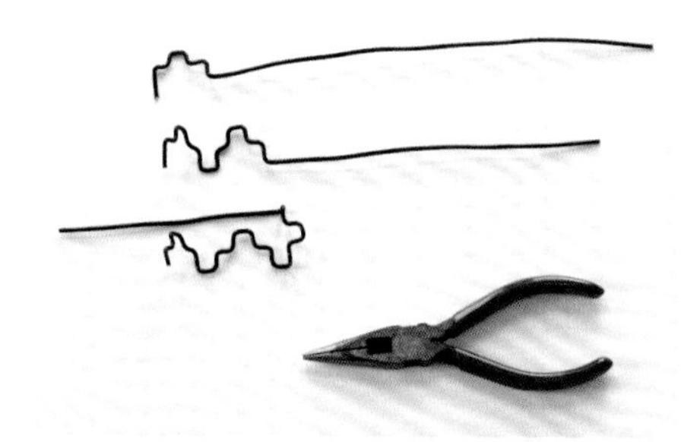

将金属丝弯折成直角，使其看起来像是城市景观或几何物体的边框。

将两根颜色不同的金属丝编织在一起。

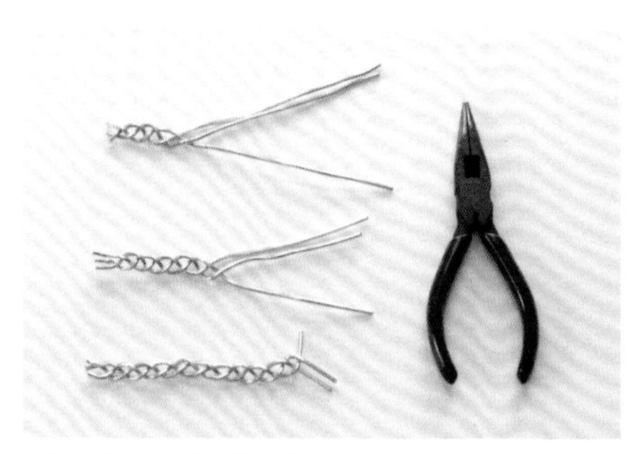

有谁知道你居然会编织金属丝！

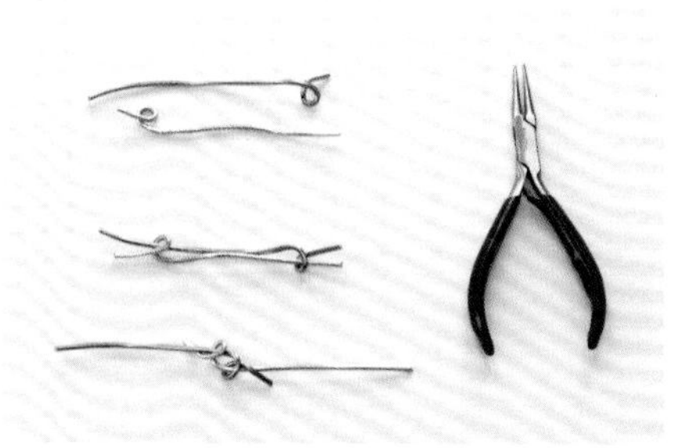

将两根颜色不同的金属丝打结连接。

既然我们已经对编织金属丝有了一定的了解，现在我们就开始动手来做一个作品吧。

雕塑家亚历山大·考尔德（1898～1976）作品的最大特点就是活泼，且经常通过金属丝来表现。考尔德喜欢将金属片和金属丝焊接在一起，并将这种方式率先运用在可移动的雕塑上。在上图的邮票中，他用钢丝创造出了真实可动的立体效果。

你想要创作怎样的作品？

一个舞者、一辆车还是一张脸？

用金属丝将它们创造出来吧！

并不存在的线条

数学+色彩+细节

你是否观察过向远处延伸的马路，那些在路边的景物，如两边的树木，它们会随着道路的延伸而逐渐变小，并最终消失在远处。尽管你知道那些树不会变小，也不会消失，且路尽头的树和你眼前的树在高度上并无太大差别。

你观察到的这个现象被称为透视或线性透视。当我们望向远处时，这种现象就会发生。无论是绘画自然风光、街边景色还是室内作品，画家都必须要表现出透视效果，使作品更真实。

在艺术领域中，透视绘画就是要以一种创造深度的方式来绘制主题。在透视绘画中会出现一个概念：消失线。消失线并不是真实存在的线，而是人们脑海中想象的线，消失线会最终在地平线上相交，其交点被称为灭点。如果只有一个灭点，我们称这种透视为一点透视。

达·芬奇意识到，仅仅表现出物体的近大远小，并不足以使画面中的透视效果更真实，你还要注意观察远处物体清晰度的变化。达·芬奇认为透视包括三个方面：第一，是最基本的近大远小；第二，距离愈远，色彩愈淡；第三，远处的物体细节上会有缺失。换句话说，如果一幅作品的远景和近景拥有同样具体、丰富的细节，即使透视比例正确，作品仍然会缺乏空间感。

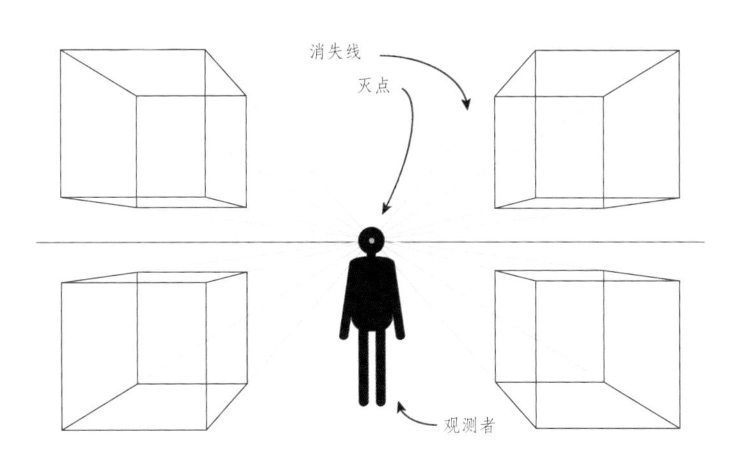

当时并没有照片可以证明达·芬奇的观点，但通过这张照片，我们可以清楚地知道他是对的——远处的事物和近处的事物相比，颜色更浅、细节更少。

最新技术

由于达·芬奇那份极强的好奇心，他并不满足仅仅只在纸面上绘制一些关于透视的实验，他还进行了技术革新。他创造了一种名为“透视画绘图器”的工具。这个工具能帮助绘画者以正确的透视关系绘制草图。下图是达·芬奇所绘制的草图，它清晰展现了这一工具的使用方式。画中人是达·芬奇自己吗？

一个男人正在使用达·芬奇发明的透视画绘图器进行观察和制图。

透视画绘图器的工作原理如下：将一块装框的玻璃放在画架上，然后在距离约20厘米的地方，透过木板上一个狭小的口子，对玻璃进行观察。作画的时候，画家先要将玻璃和画架放在所要绘画的物体之前，然后通过狭小的口子隔着玻璃观察事物，并将事物的轮廓直接画在玻璃上。这个轮廓是其最终画作的样板，它能确保作品符合真实物体的透视情况。

达·芬奇这样写道：“透视就是将玻璃放在风景或物体前，然后在透明的玻璃表面，将玻璃后的物体描画下来。”

尝试自己画

你需要醋酸纤维纸、彩色蜡笔、窗户，以及能用来遮住一只眼睛的眼罩或手帕。将醋酸纤维纸固定在窗上，视线正好与眼睛齐平，再用眼罩或手帕遮住一只眼睛。站在窗前，离窗户20厘米左右，尽量保持静止，然后将你看到的轮廓用蜡笔画在醋酸纤维纸上。

画完之后取下醋酸纤维纸，将其放在白纸上，这样你才能看清细节。注意地平线和灭点的位置。

达·芬奇的透视游戏

这是达·芬奇和他朋友们玩过的游戏，它向我们展示了：当事物处于一定的距离之外时，事物看起来要比实际小得多。

在一个大房间里，达·芬奇让他的朋友们靠一侧墙站立，且每人手里拿一根稻草，达·芬奇则站在房间的另一侧，并在墙上画了一根线。他的朋友们需要剪短手中的稻草，使其符合他们所看到的线的长度。然后，他再让朋友们到他站的那面墙边，看看谁手里的稻草长度和墙上的线最接近。这是个小花招，当然，最后总是达·芬奇的线要比他朋友们估计的长得多。

和你的朋友也一起试试，但是在往墙上画线之前，记得先贴张纸！

实验

画一个
一点透视下的正方体

通过这个实验，你将学会如何在一点透视的情况下画一个正方体。你可以用不同颜色的铅笔，辅助记录这个几何结构的形成。

你需要准备的材料：

- 一张画纸或打印纸
- 彩色铅笔（浅蓝、深蓝、红色、绿色）
- 橡皮
- 尺（可选）

1 在画纸中间画一条红线，这条线就是地平线。

2 在红线上的某处画一个绿色的点，这个点就是灭点。

3 用深蓝色的铅笔，在地平线下方，垂直于地平线画一条5厘米的线，并以这条线为一条边，画一个边长为5厘米的正方形。

4 用浅蓝色的铅笔，将正方形的四个角和灭点连接起来，这些线就是消失线。我们能在图上发现，这其实是一个长长的四边棱镜，棱尖向后直指灭点。

5 现在你需要决定这个棱形有多深（灭点越往后移，棱形越深）。用深蓝色的笔再画第二个正方形，位置在第一个正方形之后，而且要小得多。

6 将两个正方形的四个角用深蓝色的铅笔连接起来。

7 擦掉消失线。

8 最后，用其他颜色的铅笔为正方体的两个面打上阴影。这就是一点透视下的正方体。

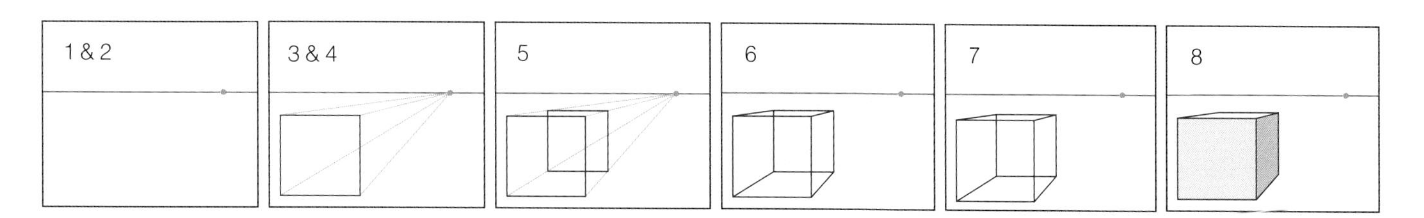

实验

绘制一个一点透视的房间

画一个铺了地板的房间

你需要准备的材料：

- 画纸或打印纸
- 剪刀
- 普通铅笔
- 彩色铅笔
- 橡皮
- 直尺（可选）

要画一个一点透视的房间，先要将画纸裁成边长为20厘米的正方形，然后再按照指导一步步进行。

1 轻轻地画上X形的对角线，对角线的交点就是灭点。由于你在整个作画过程中都会用到这个灭点，因此在作画过程中不要将灭点擦掉。

2 在纸的中央画一个边长为10厘米的正方形，擦掉这个小正方形中的对角线，只留下灭点。这样，你的房间就有了三面墙、一面地板和一面房顶。

3 在一侧的墙上画一扇门。从灭点开始画一条斜向的消失线，以确定门的高度，然后再画出门的轮廓。

4 擦去墙上的辅助线。

5 为门画上门框和把手。用同样的方法，在另一侧的墙上画上窗。

6 画房间的地板时，先从画纸下部的边框开始，将这段等分为八段，每段大约2.5厘米。

7 将画纸下部标记的各个分段点与灭点连接。

8 擦除辅助线，画一条从地板右下角到左上角的对角线。

9 在经过对角线和地板线条的交点处，逐一画平行线，然后擦除对角线。

10 用彩色铅笔为地板上色，并为房间的其他部分添加更多细节。

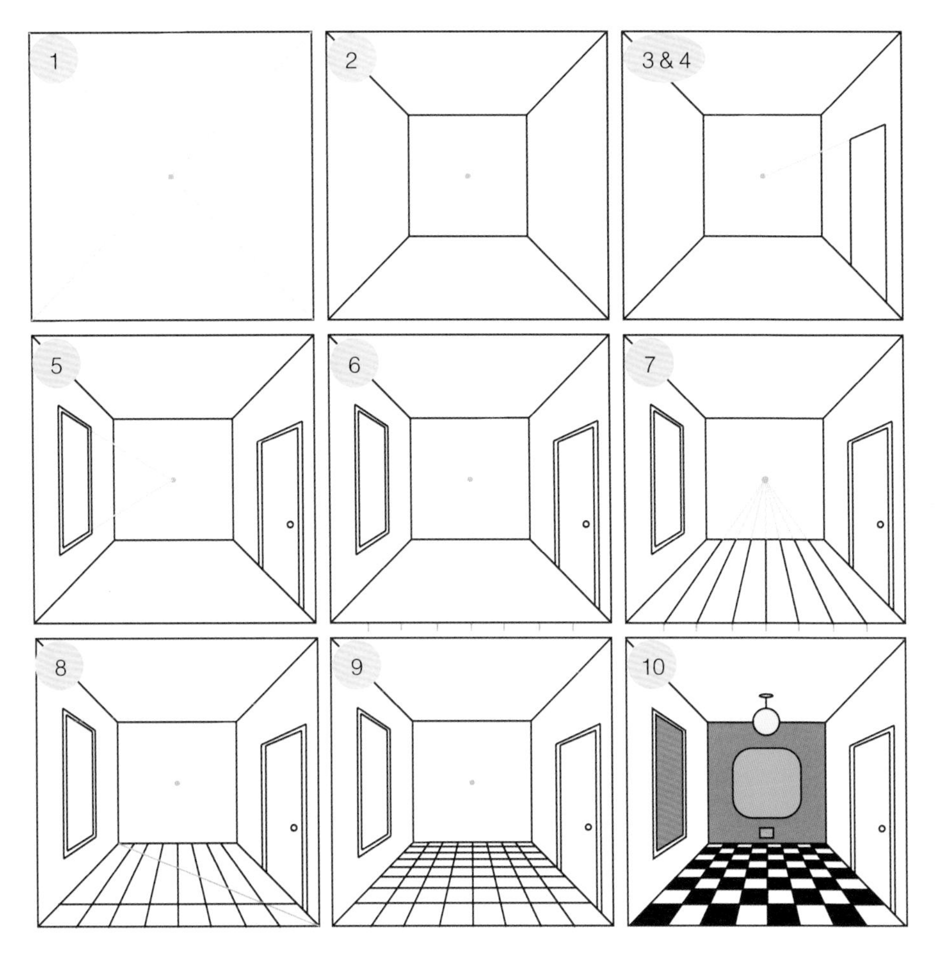

各种各样的透视

一点透视只是透视中的一种，当你熟悉了一点透视的画法后，就可以开始尝试画两点透视了。和一点透视由中间的单个灭点形成各个面不同，两点透视的灭点在两侧，有两个灭点。但它们的原理是相同的，注意观察。

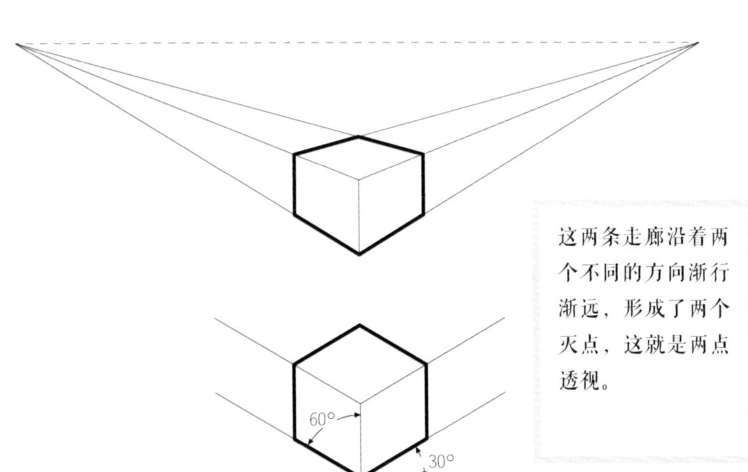

这两条走廊沿着两个不同的方向渐行渐远，形成了两个灭点，这就是两点透视。

三维立体的线条

这是古罗马马赛克，创作于三世纪。它看上去像是立体的，但其实并不是，它是平面的！

这是米兰某个教堂的一部分，墙面由多纳托·布拉曼特绘制。它看起来很深，但其实只有一个壁橱的深度。

艺术家们会用各种技巧来“误导”你的眼睛，让你误以为你所看到的并不是平面的。这是古罗马时代的马赛克，它的白色部分看起来是三维的，就好像窗框一样，比其他彩色部分要高一些。但事实并非如此，这些部分和其他的马赛克一样是平整光滑的。其中奥妙就在于那些具有欺骗性的阴影部分，它和深灰色的瓷砖一起，使白色线条得到了进一步突出的效果。

这个拱形是米兰某个教堂的一部分，达·芬奇对它十分熟悉。这部分壁画由多纳托·布拉曼特（1444～1514）所绘制。和达·芬奇一样，布拉曼特既是个画家，也是个创造力十足的工程师，他们关系不错，还合作完成过一些作品。并且，布拉曼特对透视的学习也很感兴趣，正是由于他对透视的严格运用，才创作出了具有视错觉的作品（上图）。

这个拱形看起来是一个很深的空间，但事实上，它只有一个壁橱的深度，约91厘米。布拉曼特巧妙运用消失线，创造了一个错觉空间，迷惑了人们的视觉。

几何与线条：视错觉

纵览整个艺术史，艺术家们一直在用透视原理制造各种幻觉。1950～1960年，一种激动人心的绘画形式诞生了。这种绘画形式极富现代感，被称为欧普艺术。

取这个名字是因为其画作制造的视觉假象。欧普艺术家们经常会以熟练的技巧对几何图案、圆形、方形、三角形以及线条进行处理，创造出上升、旋转、闪烁、融化或海浪般波动的视错觉，常常让人感到晕眩。

20世纪五六十年代的艺术家们没有计算机可用，他们的创意只能通过笔和纸来实现。于是，他们发现了观察线条和几何图形的新方法。

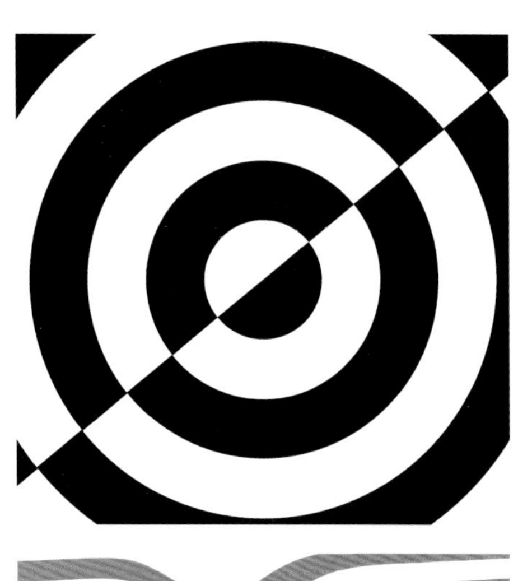

值得一试的技巧

我们可以尝试运用艺术家们的一些技巧，来创造我们自己的欧普艺术作品。这些技巧包括：

如右上图所示，将多条线平行排列，间隔很小，这样会产生振动的视错觉。

如左下图所示，改变线条方向，使其看起来像画纸下面有什么东西一样，将画面变成略带扭曲的形状。

如左上图所示，用交错的条纹进行排列，你要眨着眼看才能将圆环补全。

如右下图所示，使用歪歪斜斜的、旋转的同心图案，给人一种扭曲前进的感觉。

尝试自己画

通过这几个练习，你将学会如何创作欧普艺术，你一定可以的！

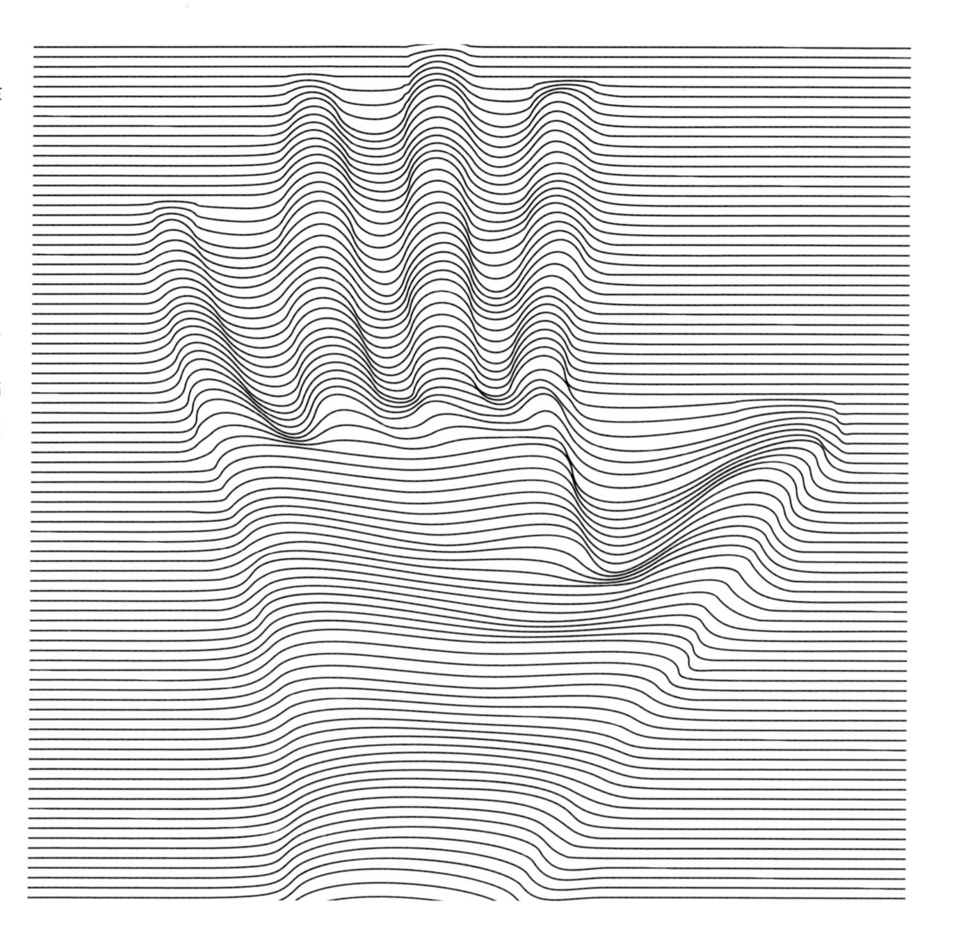

三维手掌

将手放在纸上，用铅笔沿手掌轮廓轻轻地描一遍。然后用铅笔或水笔，在纸上画上平行线。当靠近手掌轮廓线时，线条向上弯曲；当靠近手掌轮廓线的另一侧时，线条则向下弯曲。

要特别注意手指和手指间的空隙，这些区域是表现立体效果最重要的部分。线条每过一根手指都要先向上一下，再向下一下，位于两根手指之间时则要向下凹陷。现在我们来看看效果！擦掉铅笔轮廓线，这幅就是属于你自己的欧普艺术作品了。如果你想让画面色彩更丰富一些，还可以通过交替的彩色线条来呈现。

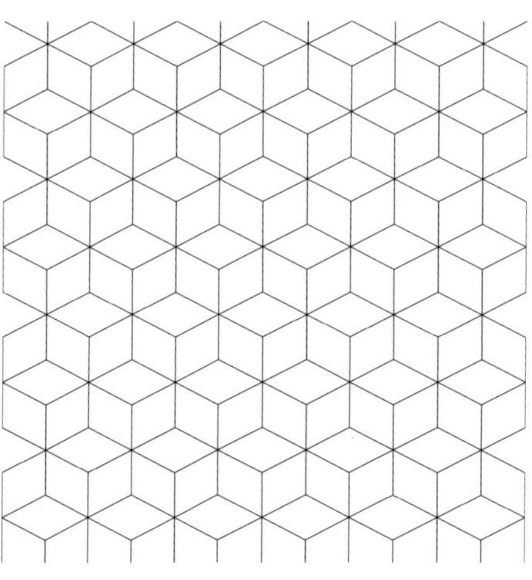

三维方块

这个设计中的方块看起来都是立体的，这是由方块顶部和侧面线条的组合所造成的。放大一个未上色的方块，你也来试试看吧，可以通过不同颜色的线条来加强视错觉效果。

明亮的颜色会显得靠前，而浅色和中性色则会显得往后退。这里还有另一个视觉假象：如果你从某个角度斜着看那些布满线条的方块，会看到六边形。

实验

曲线结构：当数学遇上艺术

你需要准备的材料：

- 6～8张28厘米×43厘米的网格纸
- 铅笔
- 橡皮擦
- 尺
- 细尖记号笔（各种颜色）
- 量角器（可选）

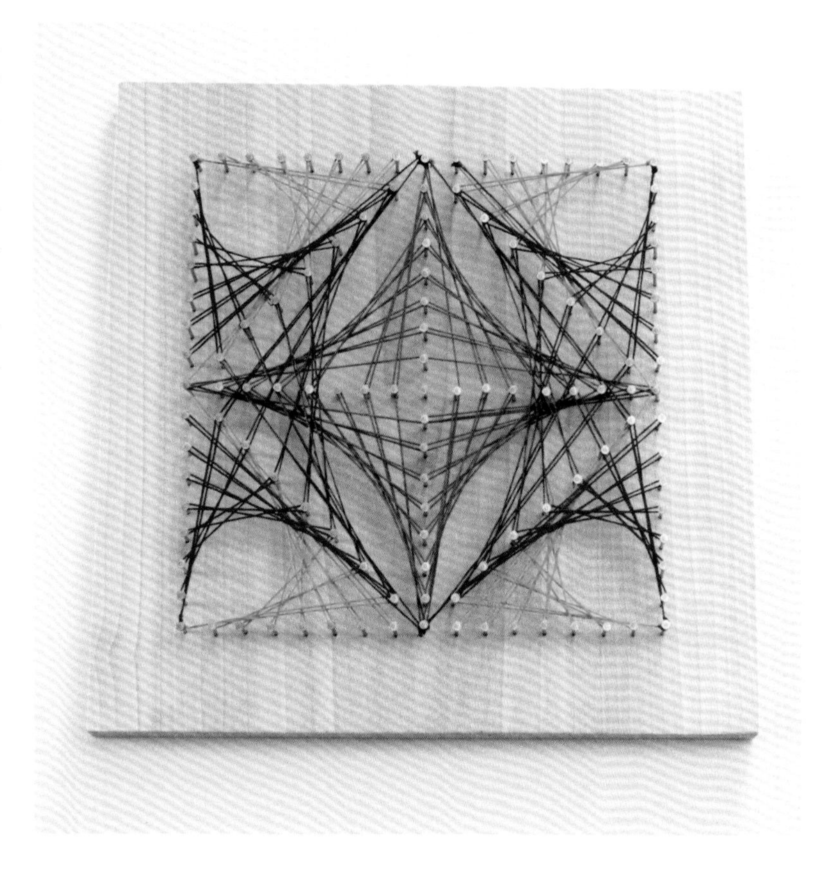

抛物线是一种沿对称轴左右对称的曲线。你只需要用直线就可以创作出抛物线般的三维欧普艺术作品。

在这个实验中，你首先要制作一个最终作品的基础设计图。制作这样的作品所花费的时间可不会太短，但你的耐心制作会得到巨大的回报。

第一部分：热身画

抛物线的热身之作：根据下面的指导，在网格纸上画出直角坐标系，用彩色记号笔和直尺记录下你的设计。

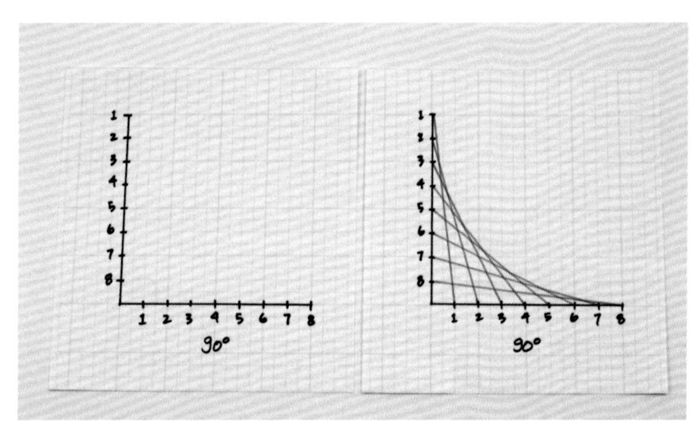

热身一

1.在网格纸上用直尺和记号笔（或铅笔），画一个8厘米×8厘米的L形直角坐标系。

2.在L形直角坐标系的底部，从左到右，用尺和铅笔每隔1厘米做一个标记，即每隔两个网格做一个标记，从1～8用数字标号。

3.在L形直角坐标系的左侧，也如此标号，从上到下。

4.接着根据上图，用记号笔和尺将两根轴上对应的数字连接起来。将1和1相连，2和2相连，以此类推。

5.所有对应数字连接完毕后，热身练习就完成了！

热身二

根据下图，把两条坐标的夹角调整为45度和135度。你会发现，不同的角度构成的抛物线弧度也是不同的。

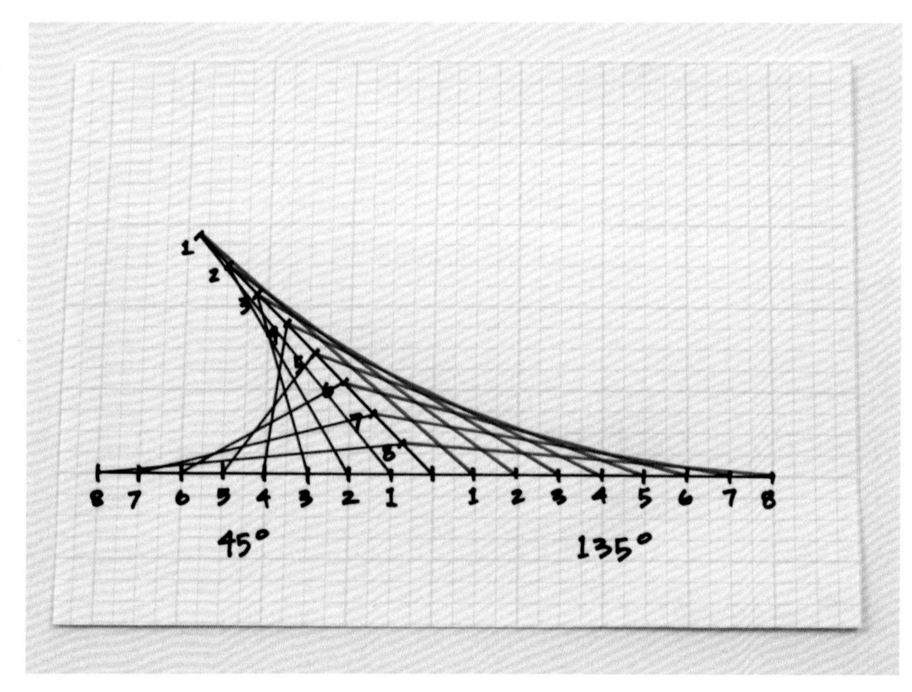

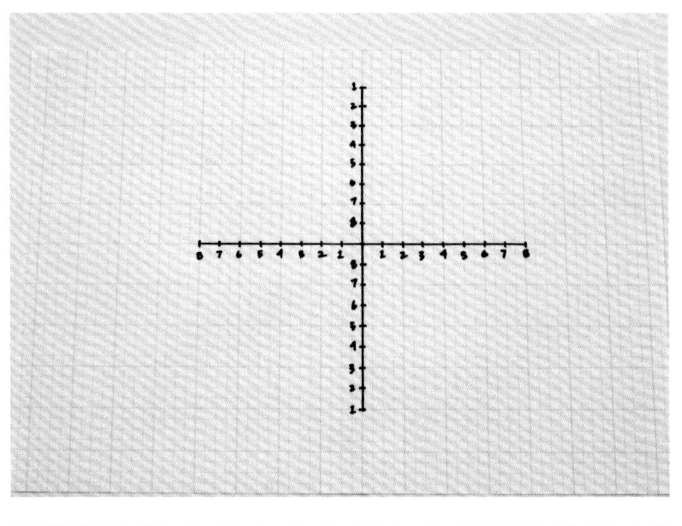

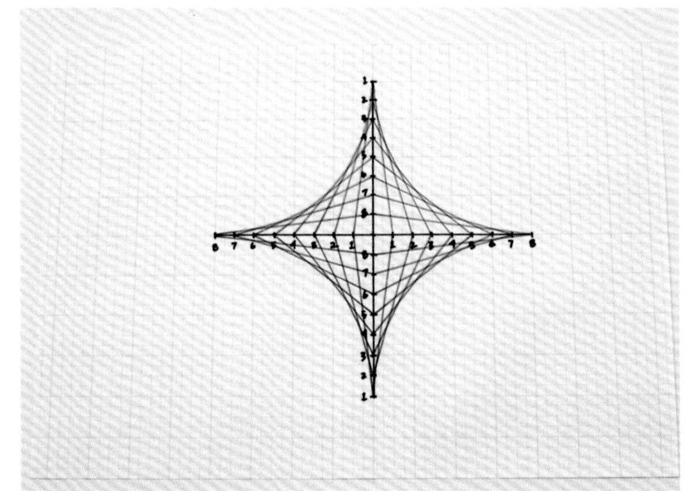

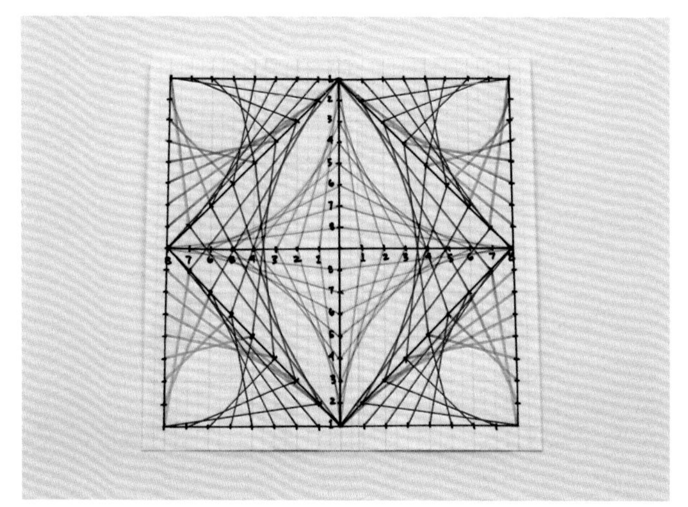

热身三

1.参照左上图，用记号笔（或铅笔）和尺，画一个十字形的坐标，每条轴长16厘米。X轴水平，Y轴垂直。在X轴上，从左到右，用尺和铅笔每隔1厘米做标记，并依次标上数字。

2.接着，在Y轴从上往下，用铅笔和尺，每隔1厘米做标记，并同样依次标上数字。

3.从左上的象限开始，用尺和记号笔，将这一象限内横轴和竖轴上对应的标记点用直线连起来。也就是将1和1相连，2和2相连，以此类推。

4.将这一象限内的所有对应数字连接起来。

5.重复这些步骤，完成另外三个象限。

完成这个四角星形的模板后，再尝试使用其他的数字组合方式来制作你自己设计的模板吧。

制作好你喜欢的设计模板后，将其保存下来。接下来，我们就要进一步将其制作成抛物线的艺术品啦！

将你的设计3D化

你需要准备的材料：

- 1.9厘米×28.5厘米×28.5厘米的杨木板（五金店里能买到）
- 100目砂纸
- 胶带
- 大头钉
- 小榔头
- 一盒16号的线钉（光柄）
- 四种不同颜色的绣花线
- 剪刀
- 胶水（可选）
- *也可用1.9厘米厚的胶合板（表面平滑）

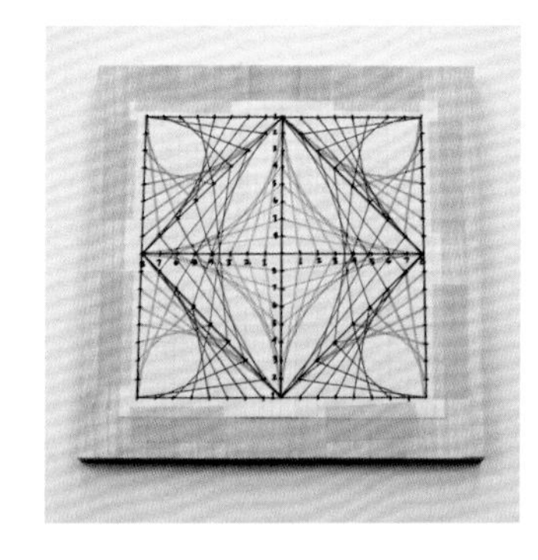

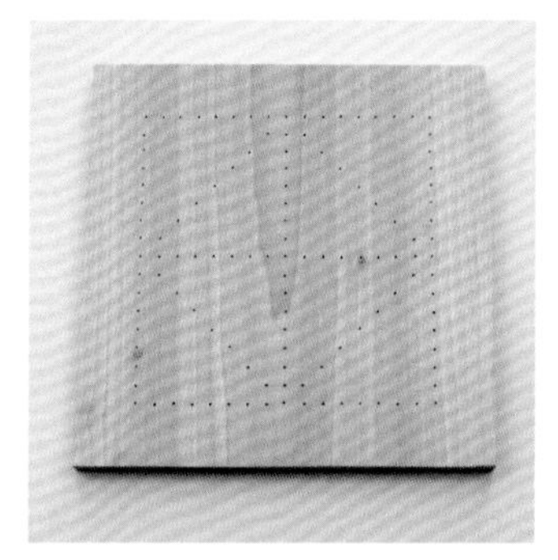

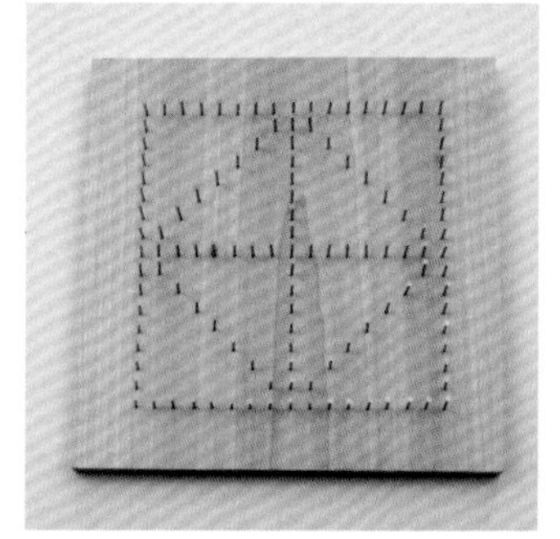

1 将画好的设计图纸放在模板中间，用胶带纸固定住。

2 将你的设计从纸上转到木板上。参照第二张图用大头钉和小榔头在木板上打孔。

3 小心地将纸拿起来，检查纸上所有的标记点，确认它们都已经在木板上完成打孔。然后把纸拿开，放在一旁，在步骤6还会用到。

4 用榔头轻轻地将线钉打入孔内，必须钉得足够深，这样才不会掉出来。但也不能整个都钉进去，要留出约2.5厘米的钉子在外面。

5 钉完之后，用手指将钉的过程中出现弯曲的钉子掰直。

小贴士：如果想要给木板涂颜料，必须要提前完成。打磨、上色、涂颜料，然后晾干。这个过程必须在打孔穿线前完成。

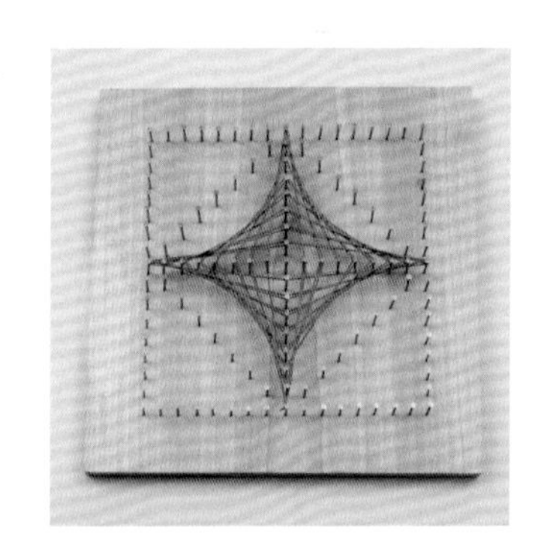

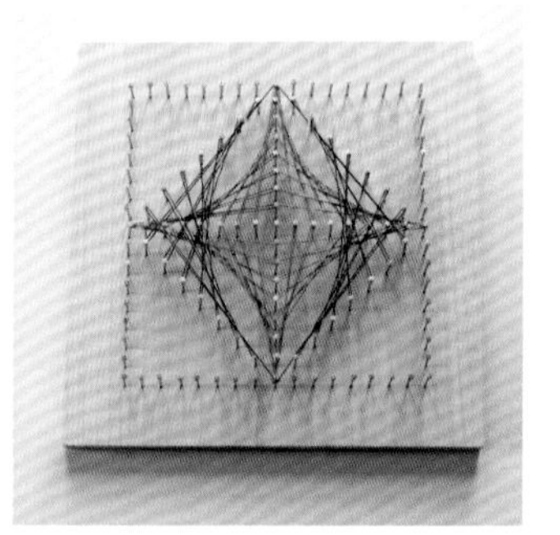

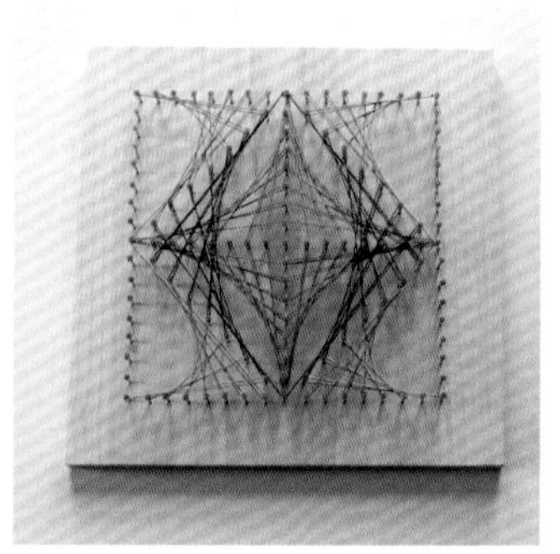

6 接着，挑选一种颜色的绣花线。根据你之前设计图的连接顺序，将绣花线缠在钉子之间，线要缠得紧一些。

小贴士：在缠绣花线时，将线先缠在第一个钉子上，然后绷紧，再缠在第二个钉子上，以此类推。在一个钉子上至少要绕一两圈，才能进行到下一个钉子。每根绣花线缠绕完毕时需绕着钉子打结固定。如果你觉得结可能会松，还可以在绳结上加一点胶水。按照设计图纸，将四种颜色的绣花线缠绕完毕后，你就可以找个地方把作品展示出来啦！

第四章

形式
与结构

艺术中的数学

在画这个孩子头发的时候，达·芬奇显然更喜欢把头发画成螺旋形。

在达·芬奇为这位勇士画的肖像画里到处都是螺旋形。你能数清楚一共有几个吗？观察勇士胸甲上的狮头，你会发现它的舌头也是打着卷的！

无尽的螺旋

达·芬奇一生对图案非常着迷，他最喜欢的图案之一就是螺旋。尽管只是画在纸上，但螺旋形的东西总会给人一种向上的感觉，比如弹簧，就象征着成长与活力。

很多植物的分枝也都是螺旋形的，达·芬奇对此很感兴趣。蕨类就是螺旋形生长的，贝壳表面的纹路也是螺旋形的。而有些人的毛发，同样是螺旋形的。

达·芬奇将水和风的螺旋形运动称为“曲线动作”，这主要受到了溪流中旋涡的启发，虽然旋涡总是不停地转动着，却一直停留在原地。他将观察到的这些都体现在了他的设计——“旋翼螺旋桨飞行器（直升机）”上（见本书目录页前一图）。

艺术、面积与比例

绘画、建筑、房间，甚至是你穿的衣服，如果要穿着好看、住得舒服，都必须要有正确的比例关系，一旦比例不正确，别人一眼就能看出来。比如外套和人的比例不对、窗户和房间的比例不对，都会显得不协调。但是要找到正确的比例、达到平衡，就需要我们在数学上进行正确的计算。

我们已经在数学课上学过了比例（将一个物体的大小和另一个物体的相比较），同样，艺术家对比例也是有很高要求的。艺术家们提出了“黄金比例”（也被称为“斐波那契螺旋线”），以此作为作品完美比例的标准。这个螺旋的原理是：在一个由一系列从大到小的正方形组成的长方形中，螺旋弧度最大的部分对应的是最小的正方形。如果螺旋在最大的正方形有着最大的弧度，这一侧就会显得过于笨重，比例也就不协调了。

弯曲的数学：黄金比例

黄金比例是一种自然现象，和很多事物都密切相关，如植物和无脊椎动物的生长。数学家们对其做了深入的研究，并写下公式。

作为一种自然现象，它的奇妙之处就在于自然界中的很多事物都遵循了这一规律：从螺旋中央的1开始，每一个新的数字，都是前两个数字之和。这个数列是这样排列的：

1+1=2

1+2=3

2+3=5

3+5=8

5+8=13

8+13=21

13+21=34

并且可以无限延伸下去。

另一种表示方式

请看下图，黄金比例可以用另一种表示方式来表现。长方形的宽度是34。最大的正方形的边长与长方形的宽之比，约等于第二大正方形边长和最大的正方形边长之比。

以此类推，黄金比例在每个层级不停地重复着。

34÷21=1.619

21÷13=1.615

13÷8=1.625

8÷5=1.600

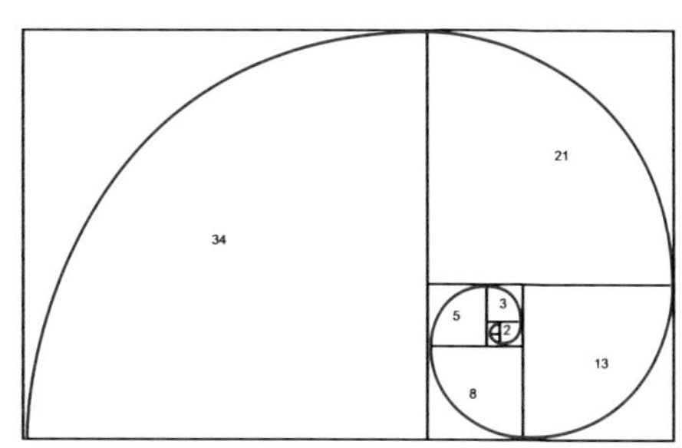

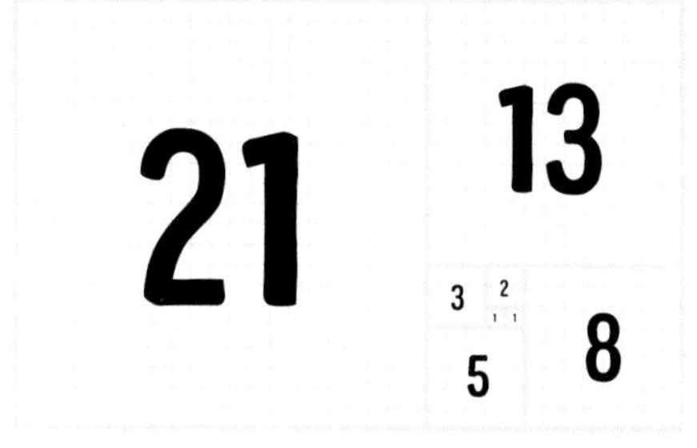

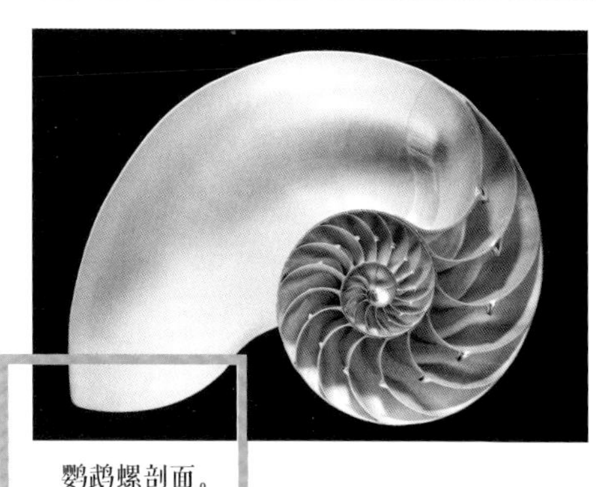

鹦鹉螺剖面。

斐波那契
（1170 ~ 1250）

在研究螺旋曲线的数列模型方面，中东的学者比欧洲的学者要早得多。1202年，一位来自比萨的意大利数学家，在中东访问学习多年后归来，并出版了一本书——《计算之书》，向欧洲介绍了这种数学。他的名字是斐波那契。他在西方科学和数学领域的影响力是巨大的，尽管我们是因为螺旋中的数字认识他的，但同时他还将阿拉伯数字传到了西方。所以我们现在采用的是1、2、3、4、5，而不是I、II、III、IV、V。

写一首斐波那契诗歌

用黄金比例的数字序列写一首诗。第一行一个单词，最后一行二十一个单词。你的诗歌结构肯定非常均衡，因为斐波那契数列一直在帮助你。写出来的诗歌类似是这样的：

Start
with
one word
and then add
another—that makes two. Add
one to two for a total of three.
Next add two and three which takes you to five. Three and five
make eight. Go back and add five to eight for thirteen, and then eight and thirteen for a whopping twenty-one.

让我们更进一步，同样是写一首诗歌，这次数的不是字数，而是音节数。斐波那契诗歌有点像俳句诗，一共六行，二十个音节。每一行的音节数分别是1、1、2、3、5、8、13，与斐波那契数列相合。由于诗歌的第一个单词应该是空白的，所以在念的时候要有一个停顿。像这样：

You	1个音节
too	1个音节
can think	2个音节
like Leo.	3个音节
Be curious and	5个音节
investigate all of the things	8个音节
around you. Wonder! Imagine! Test! Experiment!	13个音节

实验

制作一个黄金比例的测量器

你是否想要在你的画作中使用黄金比例？尝试做一个黄金比例测量器吧。有了它，你再也无须费尽心思探究事物中是否存在黄金比例了，你还可以用它来测量房子周围的事物。这个实验要用到电钻，因此你需要大人的帮助。

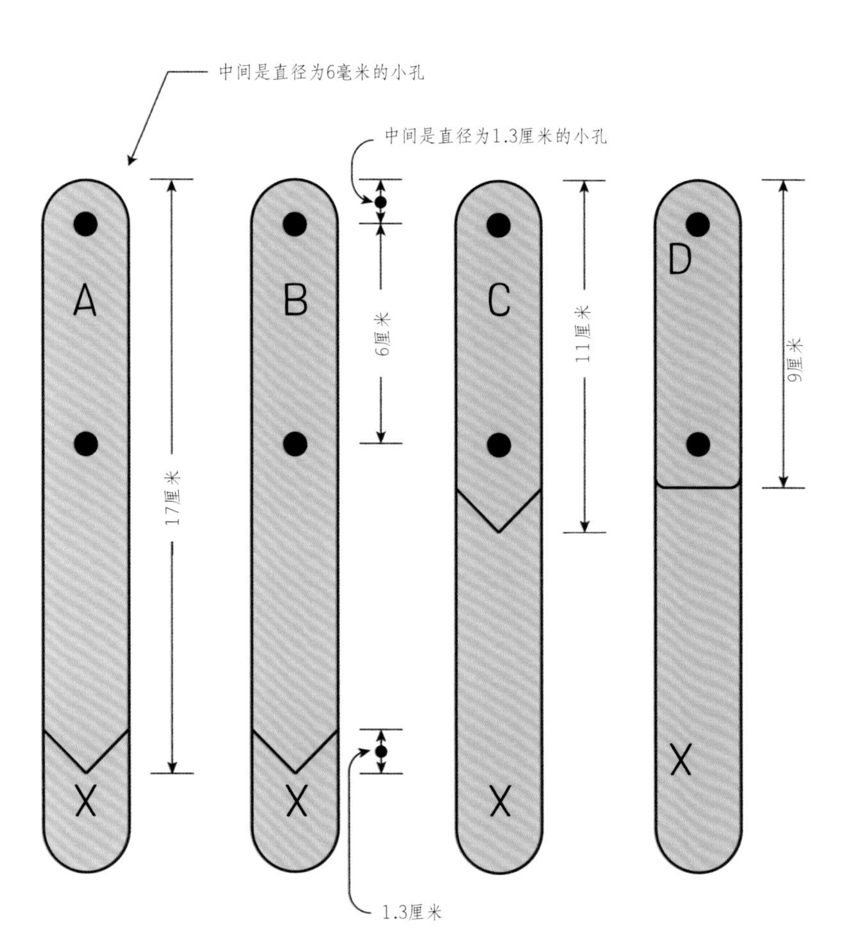

你需要准备的材料：

- 五根冰棒棍
- 铅笔
- 尺
- 胶带
- 6毫米的电钻
- 护目镜（可选）
- 锯子
- 辅锯箱
- 100目砂纸
- 四个直径为6毫米（20号）、长为1.3厘米的机械螺丝钉
- 四个直径为6毫米的尼龙垫圈
- 四个直径为6毫米（20号）的翼形螺帽
- 螺丝刀

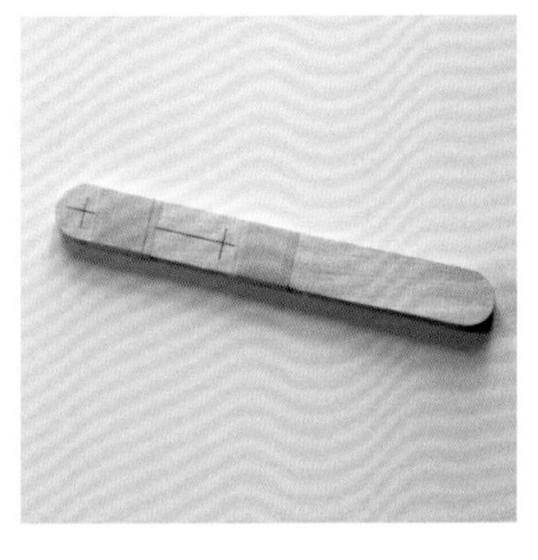

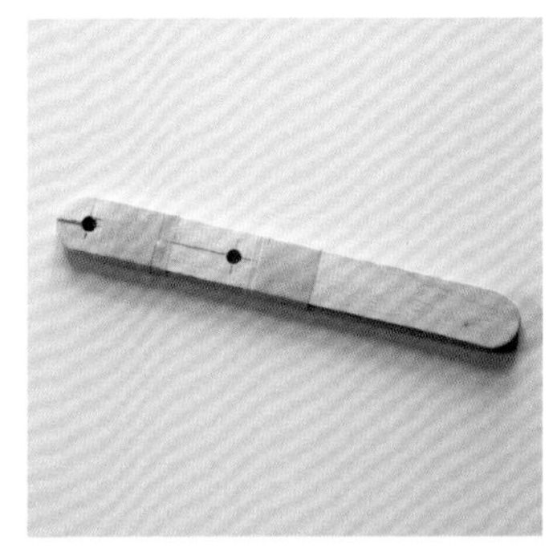

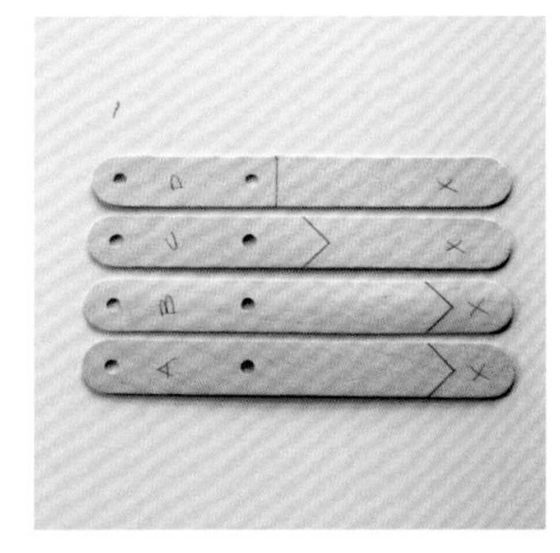

1 用铅笔和尺，在一根冰棒棍上标记两个点，作为6毫米直径小孔的圆心。

2 将五根冰棒棍叠起来，标记了钻孔位置的那根放在最上面。用胶带把叠起来的五根冰棒棍绑紧（电钻的压力较大，有时候会将第一根冰棒棍钻裂，但同时，这也就能保证下面的四根冰棒棍不会被损坏）。

3 用电钻在标记处打两个孔。

4 将胶带去掉，平放冰棒棍。用铅笔和尺，在每根冰棒棍上画出想要切割的图案。将四根冰棒棍分别标上A、B、C、D。如图所示。

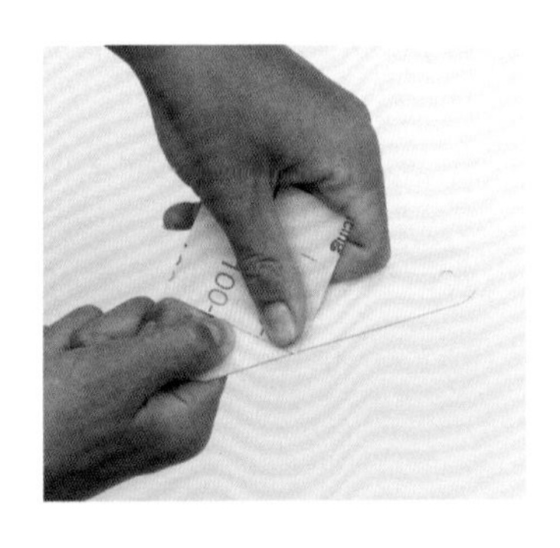

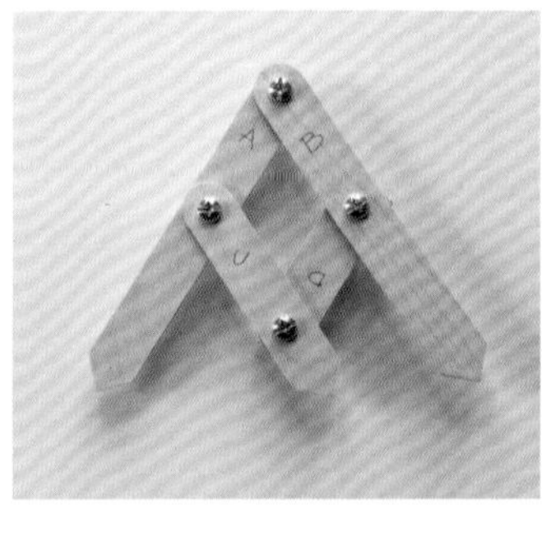

5 用锯子沿之前的标记将冰棒棍锯开。

6 用砂纸轻轻打磨之前的钻孔和锯子的切口。

7 在进行步骤7～10时需要参考上图。将A和B（两根长的冰棒棍）接在一起，如图所示。连接的时候，要用到机械螺丝钉、尼龙垫圈和螺帽，在两根冰棒棍之间还要记得加入尼龙垫圈。

8 将C（中等长度的冰棒棍）与A连接，方法同步骤7。

9 将D（最短的冰棒棍）与B和C连接，方法同前。

10 用螺丝刀拧紧所有连接处的螺丝钉，不用太紧。使用黄金比例测量器的时候，你需要做的就是打开闭合。现在试着用用看吧！

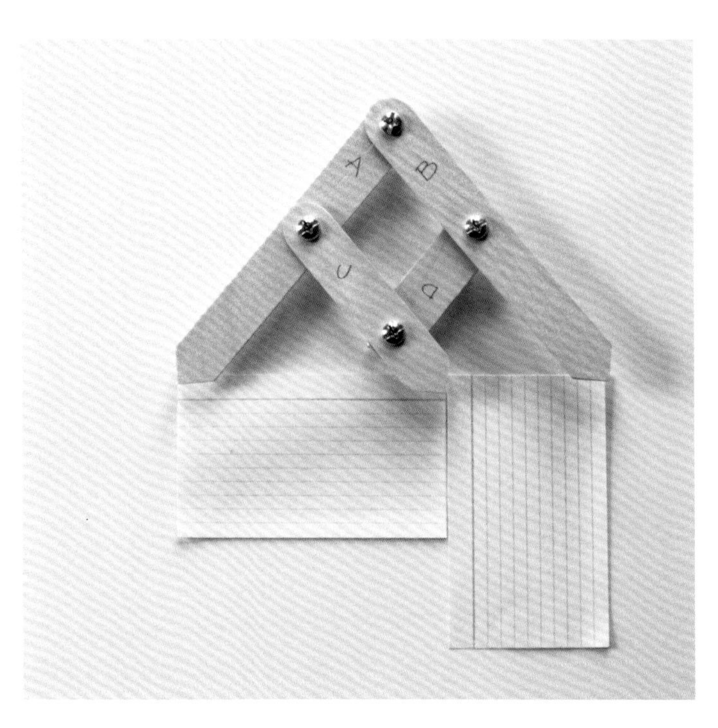

尝试一下

找出这两张索引卡片的黄金比例

如图，将两张索引卡片放在桌上，摆成L形，且长短边在一条线上。将黄金比例测量器打开，让指针指向长短边所在的那条线上。瞧！在这里，两张卡片是符合黄金比例的。你还发现了什么？周围的事物也都是符合黄金比例的，黄金比例无处不在。

尝试一下

找出自己手掌的黄金比例。

用测量器测量从手肘到手腕的距离。在不改变指针间距的情况下，将指针对准指尖。注意观察指向你手腕的指针，然后尝试用这个测量器去测量你手臂和手掌的其他部分。

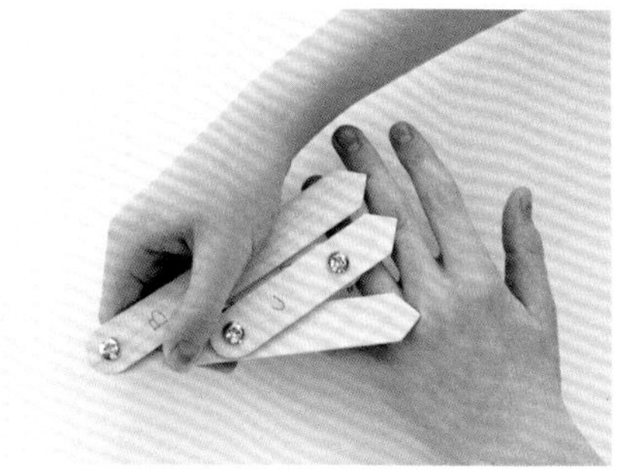

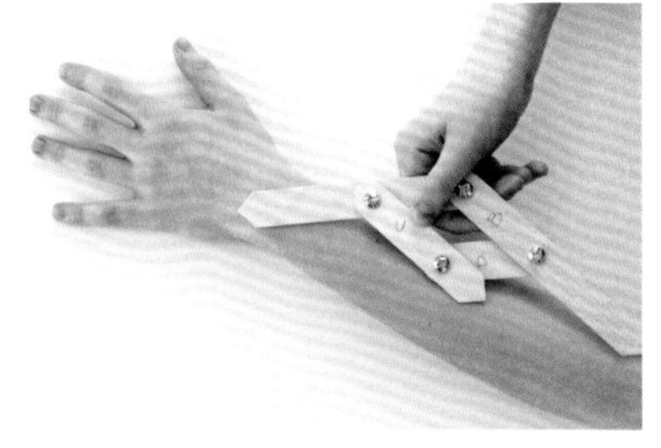

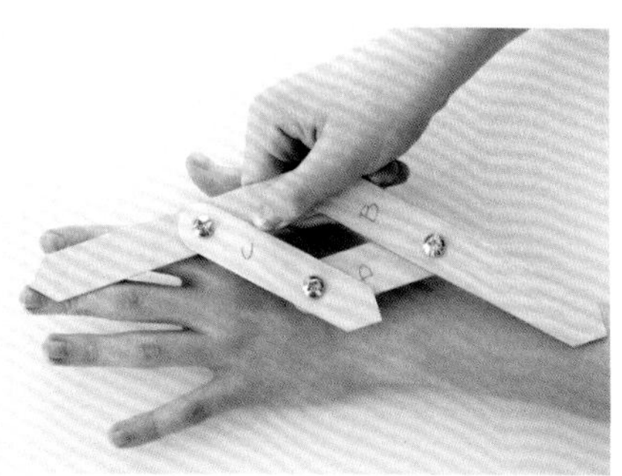

尝试一下

用这一测量器去测量达·芬奇以及其他大师的画作。

艺术中的几何学

许多人都相信“万物皆有关联”。同样，令达·芬奇感到高兴的是，他为水车设计的几何形状和花瓣的生长竟有着异曲同工之妙。

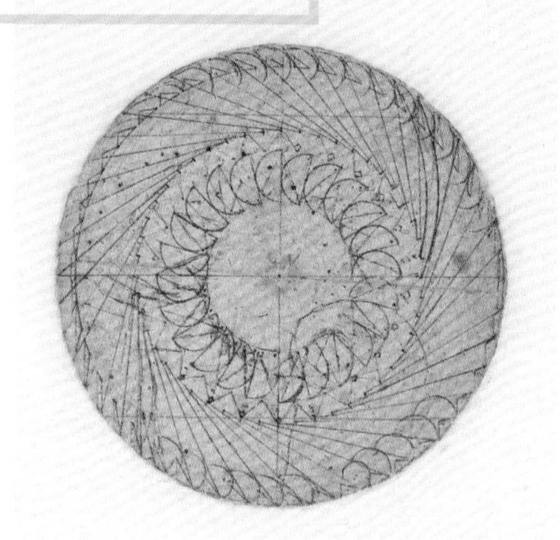

万物皆有关联

由于达·芬奇小时候没有机会去学校读书，他幼年所受到的全部教育，都来自他为画家当学徒的经历。成年以前，他也从未学过任何有关数学的知识。在之后的数学学习中，他曾一度在理解方程和平方根方面遇到困难。但从达·芬奇学习透视开始，他对几何始终有着浓厚的兴趣。透视属于几何的一种，它尝试通过数学来解释为什么我们看到的事物是这样的。

几何学对于作为艺术家的达·芬奇有着强烈的吸引力，这是因为几何是可视的，几何学关注形状和轮廓，从而能在绘画中广泛使用。作为科学家和发明家的达·芬奇，他同样深爱着几何学。运用几何学，他可以解决工程和建筑上的种种问题。在达·芬奇的其他科学研究上，例如人体学、光学、植物生长、水的流动、风暴的形成以及其他许多方面，几何学也均被广泛地运用着。

万物的比例

达·芬奇对斐波那契的黄金比例非常熟悉，但他还是在寻找完美比例的几何形状。在他的数学家朋友卢卡·帕乔利的几何著作《完美比例》一书中，卢卡·帕乔利创造了一整套用圆形和方形表现字母的字母表。

这几个字母是达·芬奇设计的，出自卢卡·帕乔利（大约1445～1517）的书《完美比例》。

Questa letera A si caua del tondo e del suo quadro: la gãba da man drita uol esser grossa dele noue parti luna de lalteza La gamba senistra uol esser la mita de la gãba grossa. La gamba de mezo uol esser la terza parte de la gamba grossa. La largheza de dita letera cadauna gamba per mezo de la crosiera. quella di mezo alquanto piu bassa comme uedi qui per li diametri segnati.

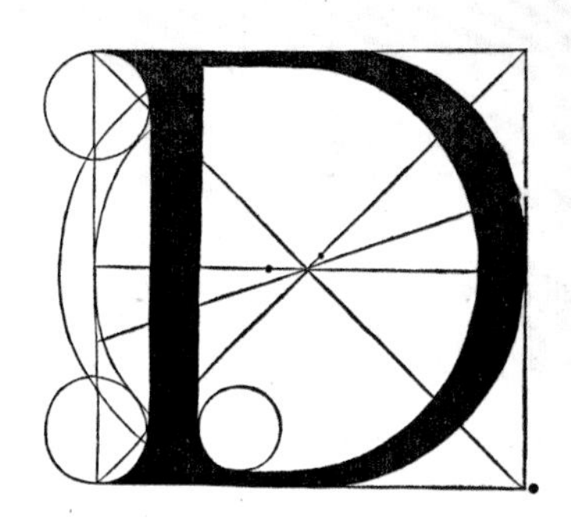

Questa letera. D. se caua del tondo e del quadro. La gamba derita uol esser de dentro le crosere grossa de noue parti luna el corpo se ingrossa cõmo de li altri tondi. La apicatura desopra uol esser grossa el terzo de la gamba grossa & quella desotto el quarto ouer terzo.

这是一幅卢卡·帕乔利的肖像作品，图中的帕乔利正通过一个圆内的等边三角形来展示几何学。

作为一位有着影响力的数学家，同时又是达·芬奇的朋友，卢卡·帕乔利曾这样写道：“没有数学就没有艺术。”他意识到，在艺术家创作绘画和雕塑作品的过程中，数学的几何形状将有助于人们更好地理解艺术上的比例关系，乃至是比例上的完美和谐。

几何游戏

在达·芬奇的笔记本上，有整整几十页都是被他命名为几何游戏的内容。这就是令他耗费多时的几何实验，其方法是先用圆规和尺子在圆内画出几何图形，再估测圆形中能存在多少种形状。

达·芬奇笔记里的几何游戏。

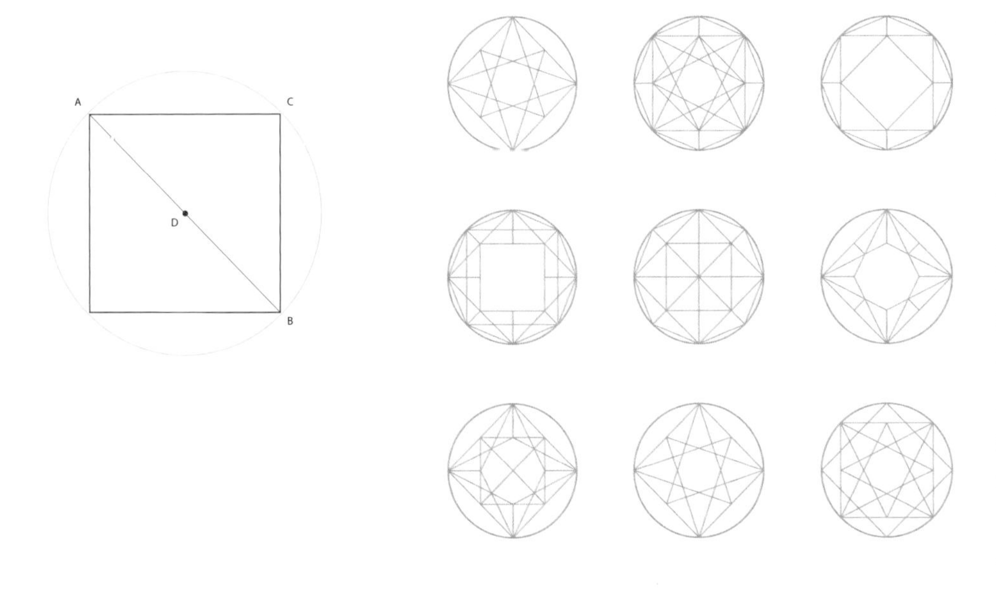

达·芬奇的几何游戏

我们也来玩一玩这个几何游戏吧。拿出你的圆规、铅笔、橡皮和尺，看看你能在一个圆里创造出多少种图形。从最简单的开始，尝试在圆形中画一个正方形。先用圆规的一端标记圆心，穿过圆心画一条线段，且线段的两个端点要在圆上。过圆心再画一条和之前线段相垂直的线段，这样你就有了正方形的两条对角线以及四个角，最后将四个交点连起来，擦掉对角线，一个正方形就完成了。继续探索更多有趣的图形吧。

圆的数学：
用π来画圆

达·芬奇一生都在试图得出一个方程，只通过一把尺和一个圆规，就将一个圆转换成同样大小的长方形。然而，他永远也没有做到。这是因为决定圆的面积的不仅是几何学，还有作为方程一部分的圆周率（π）。达·芬奇没有接受过任何专业的数学教育，所以他不知道如何运用π。

什么是π？

这是另外一种比例，在古巴比伦时期就已经为人所知。π是圆的周长与直径之比。无论圆是大是小，这个比例总是固定的，其值约为3.14。不论你是用公制还是英制单位，这个比值都是如此。

圆的面积=πr^2，r=圆的半径，π=3.14

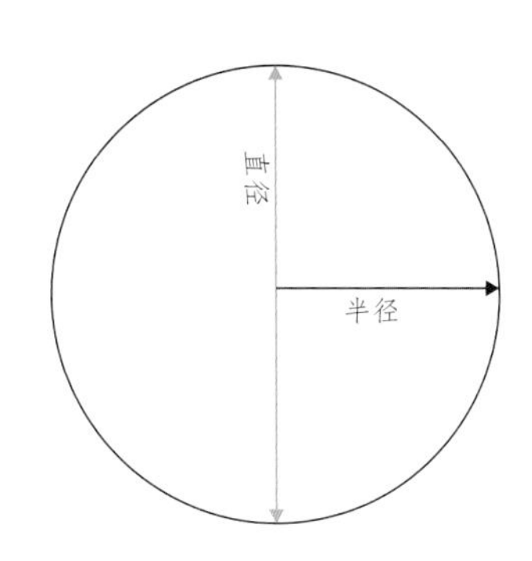

计算圆的面积

πr^2这个公式能计算任何圆的面积。公式的含义是π乘以半径的平方，接下来我们具体分解一下。

我们已经知道π是3.14，半径是一个圆的直径的一半，这很容易理解，而“平方”则是指一个数字乘以这个数字的本身。

我们来试一下，假设现在有一个直径是20厘米的圆，那么圆的半径就是10厘米。半径的平方就是10厘米×10厘米，答案是100平方厘米。

接着我们将这个数字乘以3.14*，也就是100×3.14=314平方厘米。答案出来了！这个圆的面积是314平方厘米。

*你可以用纸或计算器来进行计算，手机或电脑上都有计算器程序，计算器上有个π的按钮，可以帮助你来完成这项计算。

庆祝“π”日

现在你已经知道这个公式了。每年，我们都会用披萨来庆祝“π”日。“π”日是每年的什么时候呢？当然是3月14日——你来选个派吧！

注意：π一般都取近似值3.14，因为π的完整值长达：3.14159265358979323846264338327950288419716939937……还没完，这是一个无限不循环小数。3.14可要简单多了！

实验

几何字母

接下来，我们将剪出三角形、圆形和方形，并用这些简单的形状拼贴出各种有趣的字母。这里的“剪纸”一词源自法语“découper”，意思是“剪去”。

你需要准备的材料：

- 胶水
- 水
- 有螺纹盖的广口瓶
- 量杯
- 两三张21.5厘米×28厘米的网格纸
- 硬卡纸或其他工作平台
- 铅笔
- 细尖彩色记号笔或彩铅
- 餐巾纸
- 圆规
- 尺
- 圆形和方形模板（可选）
- 便宜的画笔

1 将胶水和水按3:1的比例倒进广口瓶进行混合，使胶水不那么黏稠。盖紧、摇匀后留作后用。

2 设计一些字母的草图，将有关几何字母的创意涂鸦画在网格纸上。用铅笔或记号笔为其涂上颜色。

3 想一个单词或短语，用新发明的几何字体将其书写出来。在网格纸上画上草图，草图的大小和最终做的尺寸要保持一致。

4 一次只制作一个字母，并从第一个字母开始。将一张彩色薄纸覆盖在设计草图上，沿设计的几何形状，用铅笔轻轻地描摹到彩色薄纸上。用剪刀沿描摹线将字母轮廓剪下来，重复这一步骤，直到把第一个字母完成。

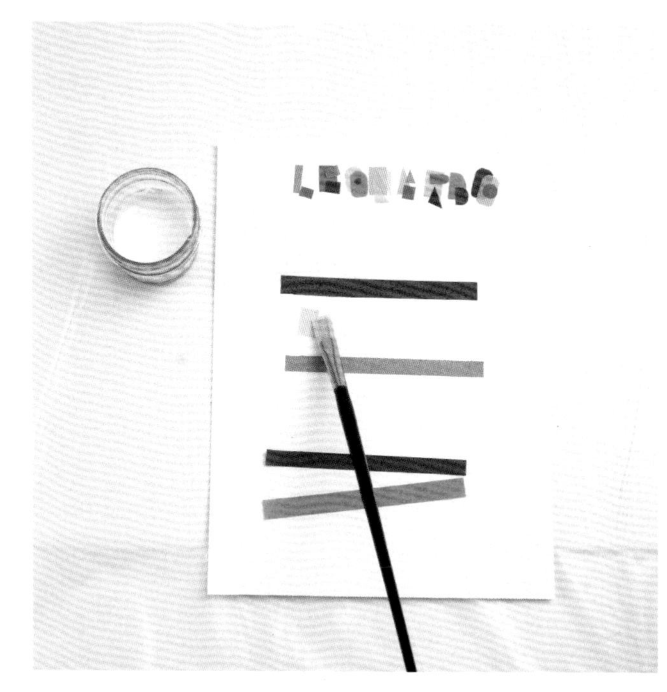

5 在粘贴第一个字母的地方涂上胶水，并在胶水还未干的时候把彩色薄纸（字母）轻轻贴上去。

6 然后处理第二个字母，重复步骤4、步骤5，直到把单词或短语全部完成。之后，待胶水干燥。

7 最后，用一层更薄的胶水覆盖在彩色薄纸（字母）上，作为封存。待胶水干燥。

建筑中的几何学

在人类的建筑历史中，几乎各种几何形状都被我们运用过了。就连球形建筑也早已被人类攻克。

大家看到的这些建筑物照片中，有冰屋、爱尔兰的茅草屋、加拿大阿尔伯塔的金字塔形建筑群、蒙古包、印第安木帐篷、英格兰布莱顿的英皇阁、美国密歇根州的八角屋，以及意大利的米兰大教堂。

几何学

建筑可以看作是几何形状的立体组合，常见的有：立方体、金字塔形、锥形体、球体、半球体、圆柱体、八面体、棱柱体等。爱尔兰的茅草屋就是在一个长方体上盖了一个三棱柱；蒙古包则是由圆柱体以及顶部的圆锥体组合而成的。

正棱柱?

大多数几何形状都只有一个名字，但长方体有好几个，正棱柱就是其中之一，此外，它还被称为超矩体、箱形。正棱柱的英文是Orthotopes，其中Ortho的意思是“正的”或者“直的”，比如orthodontist就是正齿牙医。

计算体积

找一个你喜欢的建筑，分析它是由什么几何形状所组成的，然后再计算它的体积。在此之前，你需要为每个部分都分配一种几何形状。

我们先来看看这个爱尔兰的茅草屋。为了方便计算，我们假设屋子下半部分的长宽高分别是9米、4.5米、2米。

面积的计量单位是平方米，体积的计量单位是立方米。我们先计算出茅草屋的长方体部分，用长乘以宽计算出矩形的面积，具体计算过程如下——9米×4.5米=40.5平方米。由于长乘以宽乘以高能计算出体积，因此该长方体的体积是40.5平方米×2米=81立方米。茅草屋的下半部分体积就是81立方米。

接着，我们再来计算构成茅草屋上半部分的三棱柱的体积。首先，我们仍然要计算出屋顶一端的三角形的面积。方法是将三角形的边长乘以高度，即4.5米×2米=9平方米。因为是三角形，所以还要除以2，最终得到的面积就是4.5平方米。现在再来计算三棱柱的体积，即将屋顶的长度乘以三角形面积：9米×4.5平方米=40.5立方米。

最后，将这两部分的体积加起来，得到爱尔兰茅草屋的体积：81立方米+40.5立方米=121.5立方米。

你还可以上网搜索一下其他形体的体积计算公式。

神奇的形状

建筑物可以被视作具有体积的三维形状的组合。达·芬奇有一种消遣方式，即将平面的几何形状转化为立体形状。他创造了一系列神奇的三维立体形状，并收录在他的好友卢卡·帕乔利的《完美比例》一书中。下图就是其中的两个三维立体形状。

你若也受到了达·芬奇的启发，请尝试创造出一些神奇的形状架构来。左图为达·芬奇的十二面体，这种结构能设计出一个奇妙的天文台，用于夜间观测天体。而稍加改造右侧的小斜方截半立方体就可以设计出一个暖房。你也可以尝试构思一些原创的奇异形状，并将它设计成建筑。

这是达·芬奇设计的众多立体几何绘图中的两幅作品。左侧是一个十二面体，右侧是一个有着26个开放面的小斜方截半立方体。

实验

制作一个二十面体

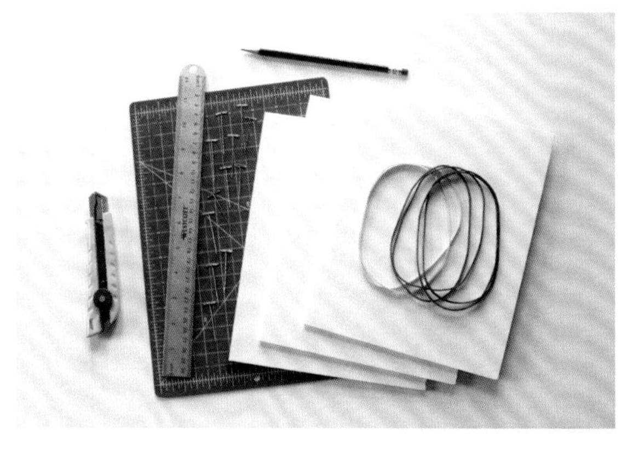

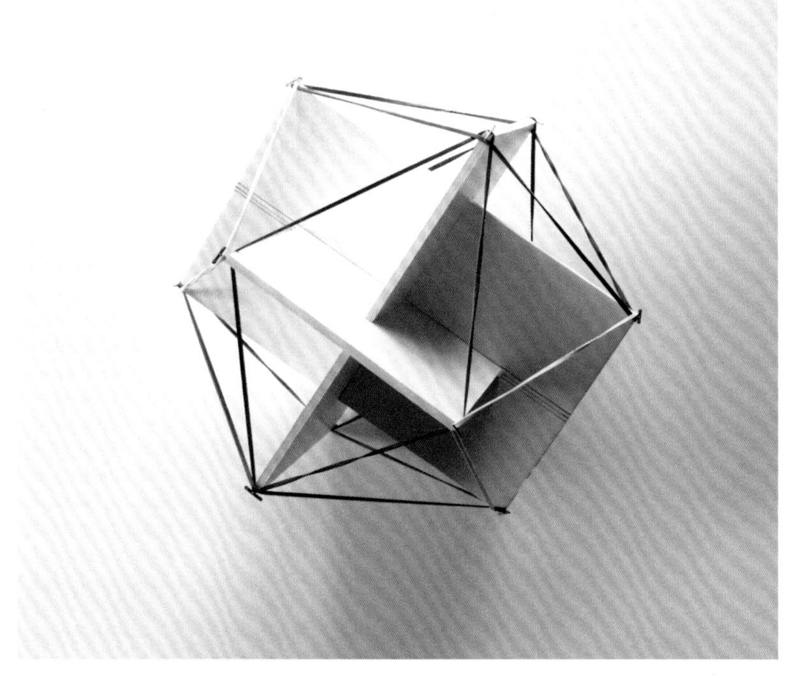

多面体是由若干个多边形围成的几何体。在这个实验中，我们的目标是要制作一个二十面体。二十面体的英文是icosahedron。首先从二维平面开始，相互交叉后形成3D效果，然后再用橡皮筋将边界点连接起来，制造出虚拟的面（或者说是位置）。这得花费不少时间，但你并不一定要一次就完成所有的步骤。

你需要准备的材料：

- 三块15厘米×26厘米×0.5厘米的泡沫芯材（在许多工艺品商店和办公用品商店都有售）
- 六根18厘米的橡皮筋（办公用品商店内有售）
- 12个T形大头针，38毫米长（工艺品商店有售）
- 尺
- 铅笔
- 美工刀
- 切割垫

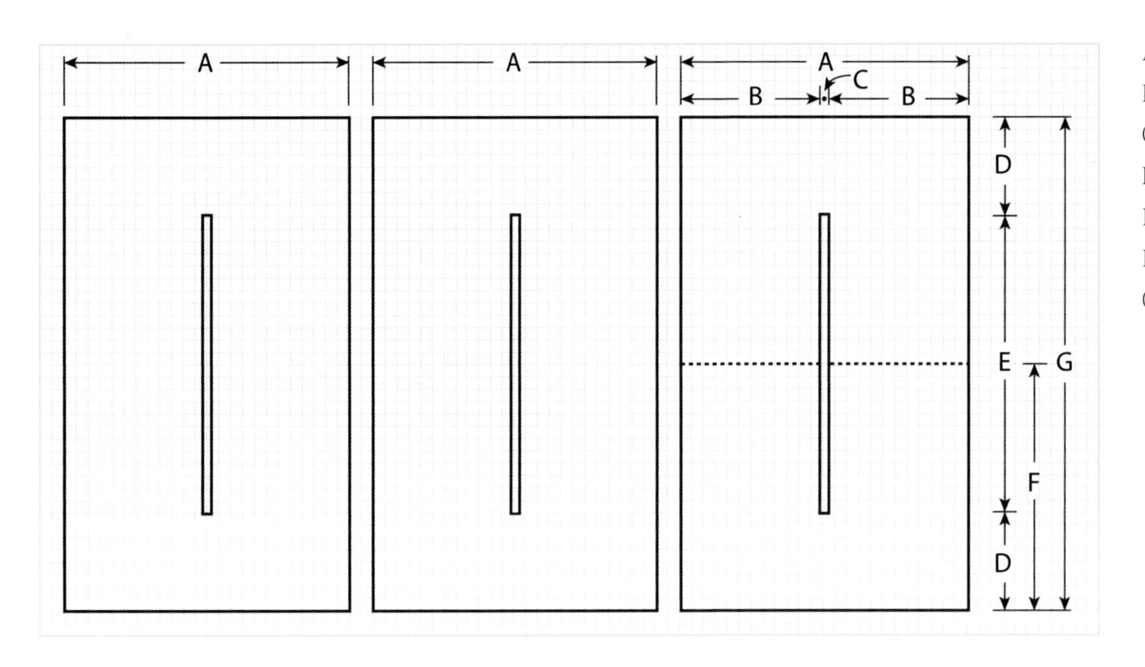

A=15厘米

B=7.25厘米

C=0.5厘米

D=5.5厘米

E=15厘米

F=13厘米

G=26厘米

1 上述数值为参考值。

2 把泡沫芯材放在切割垫上，防止你的桌面被刀刻坏。

3 用橡皮和铅笔在泡沫芯材上画出图案。图案必须要画得精确。

4 用尺和美工刀在每个矩形泡沫芯材的中间刻出一个0.5厘米×15厘米的槽，再用尺和美工刀将一块矩形一切为二，将其变为两块泡沫，每块15厘米×13厘米。将两块切开的泡沫放在一边。

5 将另外两块15厘米×26厘米的矩形取出，并将15厘米的一端插入0.5厘米的插槽里。这样，这个模型垂直相交的x轴及y轴就完成了，如图所示。

6 接下去，我们要加入的是z轴。用你空着的那只手将小块的矩形拿起，插入y轴适配插槽。

7 将模型旋转，取出另一小块的矩形，重复步骤6。

8 将一枚T形大头针从泡沫芯材的角上插入，针尖朝向坐标轴的原点。三块泡沫芯材就在这个点交汇。大头针的尖端务必不能插到泡沫芯材的外面，如果碰到这种情况，要重新插入大头针。然后重复这一过程11次，在每个角上都钉上大头针。

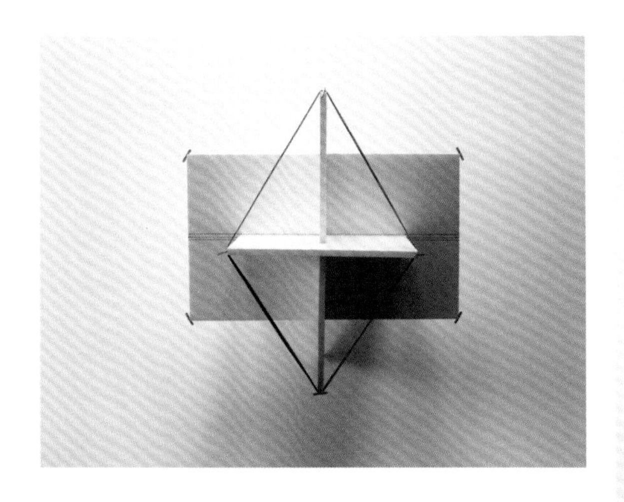

9 将橡皮筋依次绑在大头针上。

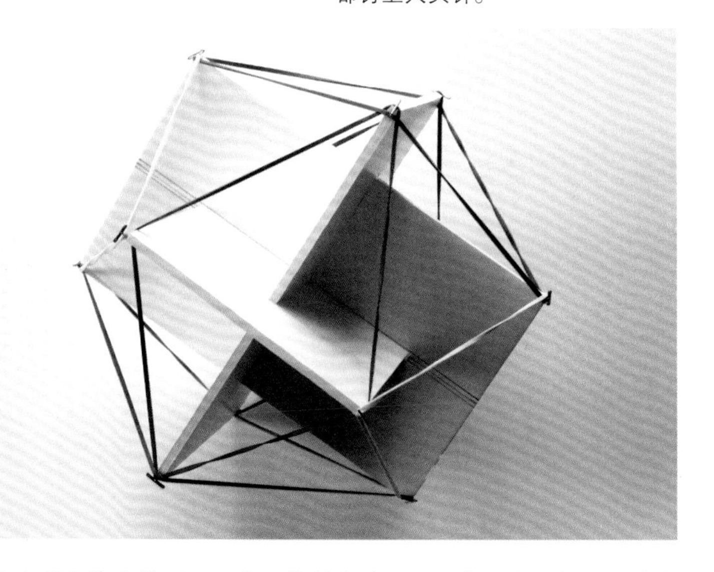

如图，绑上所有橡皮筋后，二十面体就完成了！所有三角形都是用橡皮筋“画”出来的。

“玩”形式

看看你坐的地方

如果忽然有人要你画一把椅子，你画出来的椅子会和下面展示的一样吗？的确，它就是一张普通的椅子，是椅子典型的日常造型。

但是等等！凡事都有例外

椅子是最常见的家具之一，但自从人们不再坐在洞穴中的石头上，设计师就从未停止过翻新椅子的花样。

椅子可以是有腿的、装在支架上的，也可以是吊在天花板上的；椅子可以用木头、塑料、金属，甚至是切割泡沫制作；椅子可以是装了软垫的、加了填充物的，或是和洞穴里的岩石一样坚硬的。回想一下你见过的那些特殊的椅子：理发店里的、牙防所里的、医院里的、火车上的，还有空间站上的。一个设计师完全可以一辈子不干别的，只设计椅子！

达·芬奇曾这样写道："任何活动的东西，它所需要的活动空间都和它原先占据的空间一样大。"

做一把椅子

这里展示的椅子各不相同，但它们有一个共同点：这些椅子都是基于几何形状的。当你仔细查看，会看到直线、曲线、椭圆形、圆形、三角形、正方形以及矩形。

现在轮到你来当一回设计师了。假如一个客户要求你为某一特定的用途设计一把椅子，你该怎么做呢？你需要先列出一系列标准化的设计参数，以使产品设计更完善。例如，椅子的功能可能是用来进餐的、休息的、给儿童用的、轮椅、电脑椅，或是室外的花园椅。拿起纸、笔、直尺和圆规，设计一把属于自己的椅子吧，不过你只能使用几何图形来满足客户的要求。

将探索更进一步

如果是在课堂上进行，还可以将其作为一个设计比赛。将班级划分为数个设计团队，所有设计团队都要面对相同的客户、相同的设计标准以及相同的创作时间。开始吧！我们将挑选出最符合客户要求的设计产品。

形状的变化

许多物体在运动时，能在保持体积不变的前提下改变其形状，达·芬奇对此颇感兴趣。他是拓扑学的先驱之一（拓扑学是一门研究物体如何在形状改变后仍保留一些物体特性的学科）。我们可以想象水是如何从固态的冰变成液态的水，再变成气态的水蒸气，然后又在寒冷的环境中变回水，重新结成冰的。

达·芬奇曾这样写道：“任何活动的东西，它所需要的活动空间都和它原先占据的空间一样大。”他曾计划写一本名为《形态转换》的书。

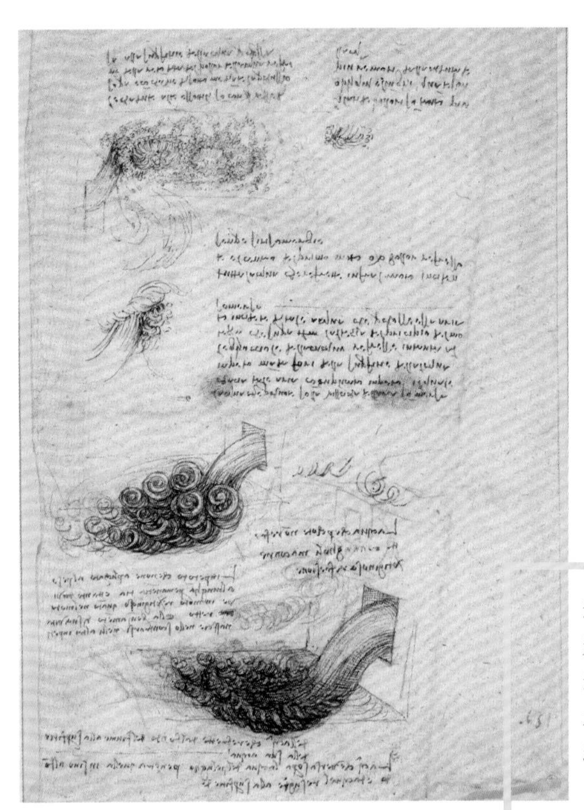

达·芬奇一直对于水的形态变化非常感兴趣，这些笔记本上的草图展示了水流在旋涡中的流动形态。

达·芬奇从流水中获得了很大的启发。看着河流中的水流淌涌动、跃过岩石，在这期间虽然水的流动形态不停地发生着改变，水依然是水。此外，他对改变形态后的软蜡进行了关于体积变化的测试，将同样量的蜡不停地改变形态。你可以在前面的内容中发现，达·芬奇很喜欢这个实验——在圆里创造新的几何图形，以及将圆形变成方形。

改变形状

折纸艺术就像魔术一样，它能将简单的方形纸片变成不同的立体形态，而纸却仍然是纸。

但在折纸的过程中，纸也随之发生着一些变化：变得更硬，更难以撕开。你可以用这种方式使结构更加稳固、使作品更具装饰性。

实验

改变纸的强度

你有想过一张纸可以靠着边缘立起来，还能在上面放东西吗？你肯定会觉得那是不可能的。但事实上，通过改变纸张的形状，可以大大增强纸张的结构强度。

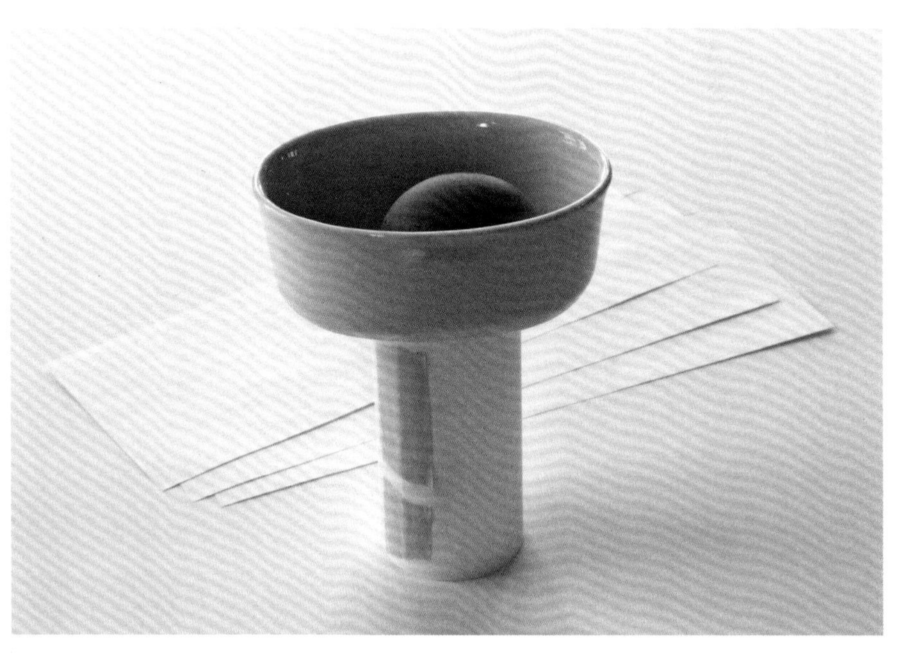

你需要准备的材料：

- 五张21.5厘米×28厘米的纸
- 剪刀
- 透明胶带
- 尺

练习：将两张21.5厘米×28厘米的纸对折，用剪刀沿对折线将纸剪开，分成四份。将其中一张纸卷起来，形成一个约5厘米直径的圆柱体，并用胶带固定住形状。将这个圆柱体立起来，放在一个平面上，再在圆柱体的顶部放上东西。如果你放的是一个小盘子或碗，你就可以很轻松地在顶部容器内盛放上不同的重物，一个白煮蛋或一块水果。就这样，你已经完成了一个能承重的纸质圆柱。拿好它，接下来你还会用到它。

实验：折叠多边形

实验一：折叠多边形。如图，将纸每隔3.2厘米折叠一次。将纸卷成柱体，用胶带黏合。将这个柱体立起来，与之前的圆柱体进行比较。用手掌在柱体外轻轻施加一点力，感受柱体的微微变形，但注意不要将它压垮。

实验二：这次将纸每隔2厘米折叠一次，还是用胶带粘成柱体。将它与前面两个柱体进行比较。你可以感受到三个柱体在结构上的差异。

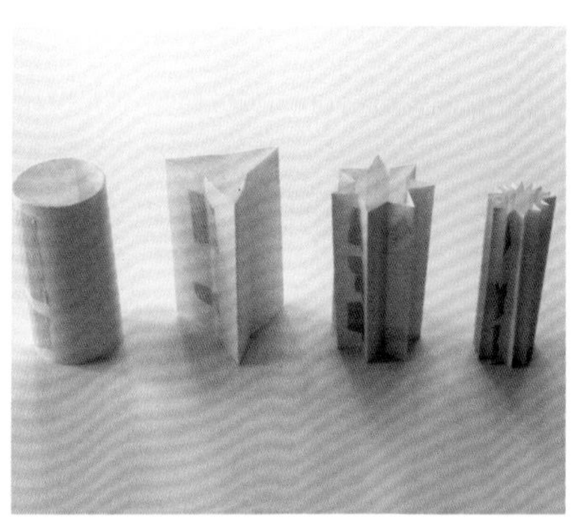

实验三：将纸每隔6毫米折叠一次，然后卷成柱体。

实验四：比较这四个柱体的结构强度。按照你制作的先后顺序排列柱体，一个接一个地，把碗或盘子放在柱体上，然后增加所放置的物体。哪个柱体更加稳固呢？哪个柱体承重力更强呢？

实验

惊人的跨度

在这个实验中，我们要来看看重复折叠是如何形成曲线的跨度以及稳定的小平面柱体的。

你需要准备的材料：

- 彩色打印机
- 两张28厘米×43厘米的白卡纸
- 直尺
- 美工刀
- 切割垫
- 铅笔
- 透明胶带

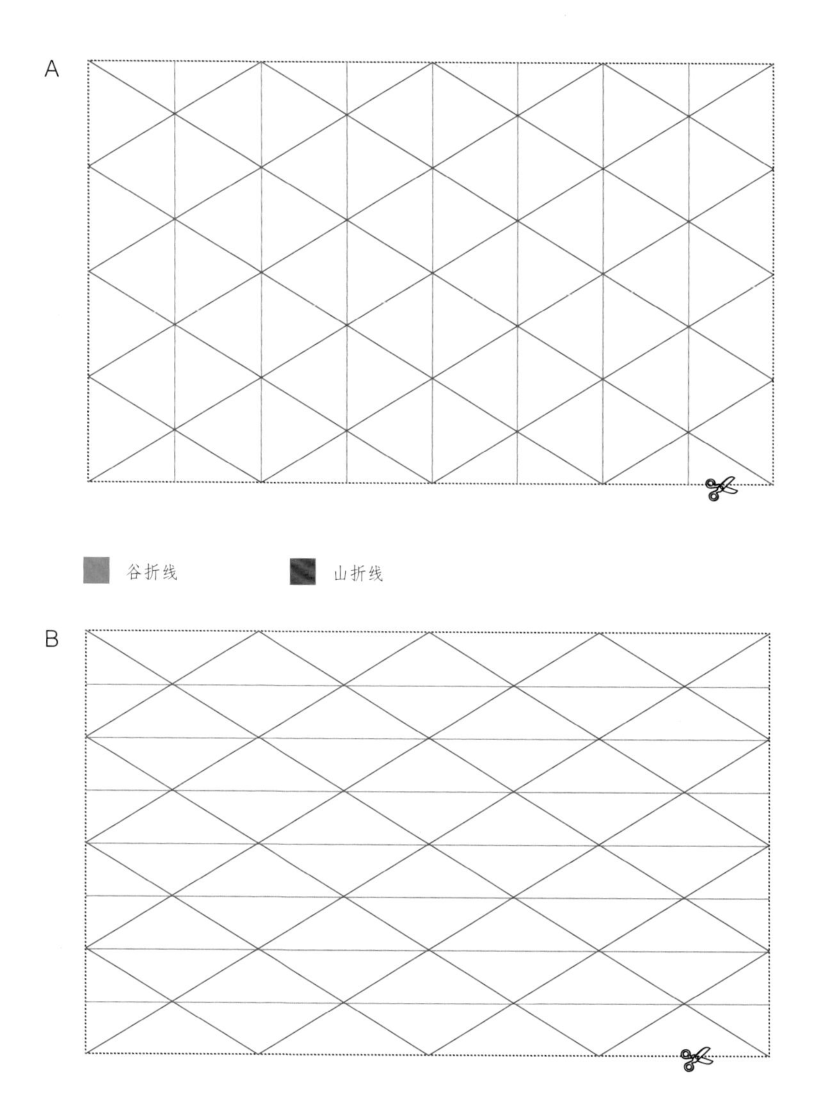

1 将A、B两个图案放大四倍并打印出来。

2 将图案平整地剪下来。

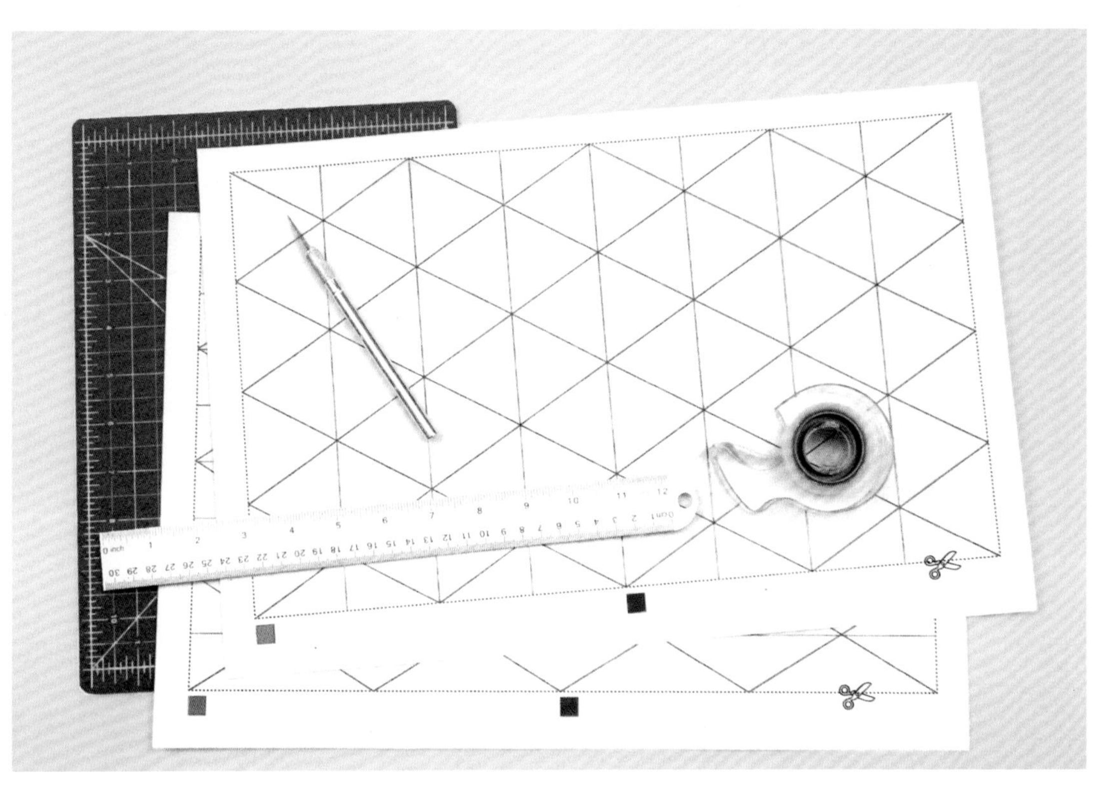

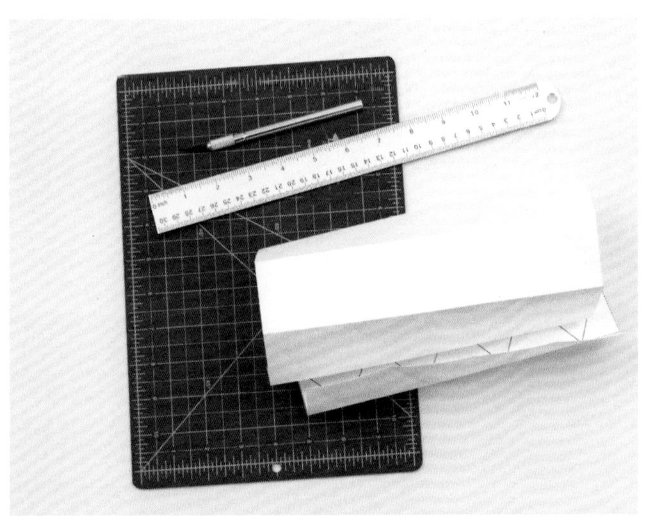

3　将A图案放在切割垫上，图案面朝上。沿红线（也就是山折线，指凸起来的折线，往往用实线表示），用美工刀背面轻轻地在纸面划过。别太用力，否则会将纸面完全切断！划过后，山折线的部分会平整一些。

4　同样，用刀背沿着绿线（也就是谷折线，指凹进去的折线，往往用虚线表示）轻轻地划过纸面。

5　沿绿线（谷折线）折叠，现在你就要开始塑造这张纸的结构了。

6 沿红线（山折线）折叠。

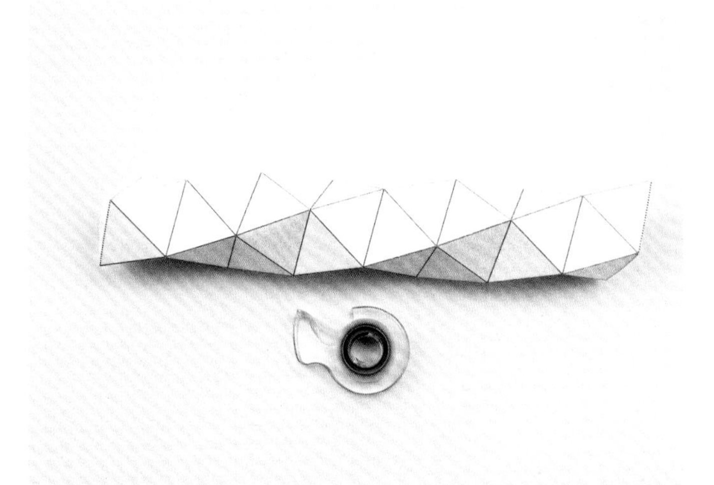

7 用手慢慢地将卡纸的结构调整成型。注意观察图案自身是如何重叠的。最后会形成一个表面有很多三角形平面的长柱体。

8 在柱子的顶端、中部和底部用胶带固定好，保持形状。

9 开始做另外一个造型，同步骤3~8。提示：制作这个折纸时，折痕越深，越容易折成你想要的造型。

10 比较这两个结构。我们可以发现褶皱图案是一样的，但由于弯曲折叠的程度不同，它们最后形成的几何形状也是不同的。

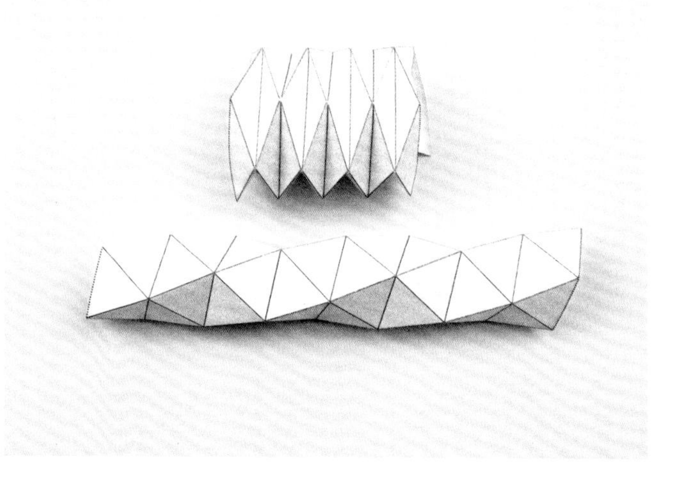

一个简单的原则

褶皱可以避免纸张的弯曲和破碎，因此，一个简单的打褶就能使纸张更强韧，且承载更多重量。同样，折叠纸扇因为其结构稳定，能扇出更强的风。瓦楞纸的内部打褶结构给予了纸张足够的强度，从而能被用来制作纸箱，甚至是纸家具。

第五章

光学与特效

眼睛与感知

我们看到的，以及我们认为我们看到的

你是否注意到，哪怕你在屋子里改变了你的位置，有些肖像画的眼睛看起来还是像在盯着你一样。其原因就在于眼睛里的瞳孔。当你看着蒙娜丽莎的时候，她就像正在看着你一样。但当你很仔细地看着她的眼睛瞳孔时，又会发现她两只眼睛视线的角度是有着细微差异的。因此，你会觉得在你左右移动的时候，她的视线也在跟随你左右移动。

达・芬奇一生都非常喜欢研究光学，研究我们如何看东西。他研究了眼睛内部的光学，我们可以在第二章《光与影》中读到；他同样研究了外部的光线，我们也可以在第一章《色彩》中读到。他一直致力于研究关于视觉感知的技巧，探究如何用阴影使画作变立体，以及如何用透视使平面的画作看起来更具空间感。

达・芬奇这么喜欢几何与透视技巧，他肯定会非常欣赏四百多年后另外一位画家的作品。这位画家的名字叫莫里茨・科内利斯・埃舍尔。你也许没听说过他的名字，但你应该知道“哈利・波特”电影中霍格沃兹学院里移动的楼梯，这个楼梯就是从埃舍尔作品中获得的灵感并创造出来的。

感知的运用

埃舍尔是一位光影大师。他通过对光学的运用，使作品看起来仿佛同时在向前和向后运动一般，从而在视觉上产生迷惑性。如图所示，他创作的作品运用了透视的技巧，但这在几何学上却无法实现。他还创造出一种类似棋盘纹的图案形式。“tesella”在拉丁语中的意思是“小方块”，原先指的是马赛克中制造重复图案用的方形瓷砖。埃舍尔用同样的重复图案技巧，使作品产生了感知上的错觉。

莫里茨·科内利斯·埃舍尔（1898~1972），荷兰画家、绘图员、数学家，因其创造了瑰丽的、具有迷惑性的棋盘纹而闻名。这里展示的作品正是受到了埃舍尔的启发所设计的。我们可以看到单个形状是如何以非常巧妙的方式进行嵌套的，以及明暗对比是如何欺骗你的眼睛的。盯着作品看，你会看到白色的动物，但一眨眼，你所看到的动物又变成了黑色。这就是棋盘纹在视觉上所形成的神奇效果。

我想要展示的，
就是是如此美丽与纯粹。
——莫里茨·科内利斯·埃舍尔

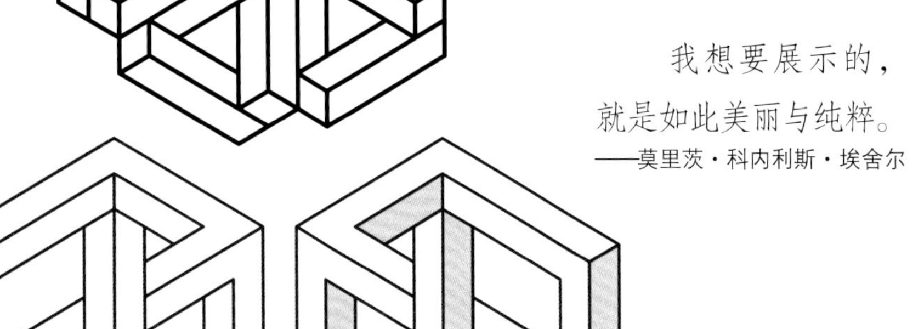

图案、对称性以及棋盘纹

无论在自然界中还是设计中，图案是一系列形状、轮廓、花纹的有序排列。

无论在自然界中还是设计中，对称是形状、轮廓和花纹的排列规则。对称的东西看上去会给人一种稳定、平衡的感觉。

无论在自然界中还是设计中，棋盘纹是一种通过几何单元的重复排列而形成的图案联动。在日常生活中，你见过的棋盘纹绝对比你想象的多。集中注意力来观察周围的世界，找出那些没有间隙、没有重叠，且填满二维平面和三维空间的形状。

只要你开始关注相关的图案、对称和棋盘纹，转瞬间，你就会发现周围到处都存在着这些形式和图案。你一生的大多数时候都会伴随着这种美丽的视觉现象，只是你未必会注意到它。

这些都是有着奇妙的埃舍尔风格的画作：蜜蜂筑起的蜂窝，大量几何图形组合成的棋盘纹，繁复美丽的伊斯兰瓷砖。

实验

制作一幅埃舍尔风格的作品

在这个实验中，我们要设计一个二维的棋盘纹，即用反复出现的图案填满某个形状。注意：不能有空隙和重叠。

首先，创造一个基础图案，基础图案是你整个棋盘纹创作的基础。画一个方块，然后在方块上面画一个V形，将V形部分分离出来，放到方块的下边。这样，我们就有了基础图案。

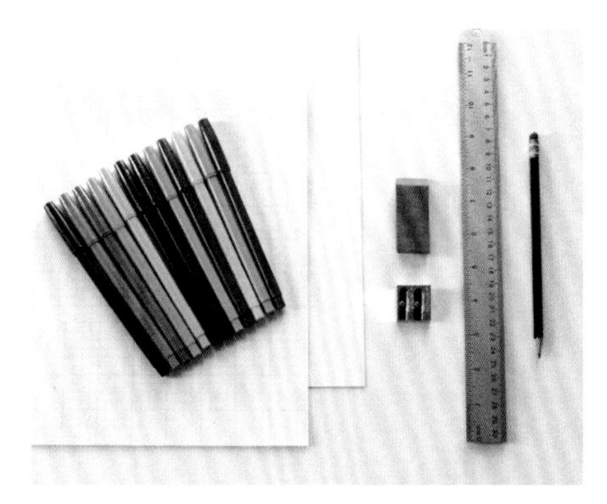

你需要准备的材料：

- 卷笔刀
- 铅笔
- 橡皮
- 尺
- 两张21.5厘米×28厘米的网格纸
- 一张21.5厘米×28厘米的白纸
- 彩色记号笔

1 确定你的基础图案，并用铅笔将它画出来。将网格纸用铅笔覆盖在之前画好的图案上，注意，要能透过网格纸清晰地看到图案轮廓。然后，将网格纸中的网格对准基础图案的边缘，把图案描画到网格纸上。

2 把这个图案想象成一张脸，画出眼睛、鼻子，还有其他你想到的细节。

3 在基础图案上设计两张不同的脸，将其重新画到一张干净的网格纸上，使两个图案交替排列。

4 从网格纸的左上角开始画第一个图案，然后再画上六个图案。

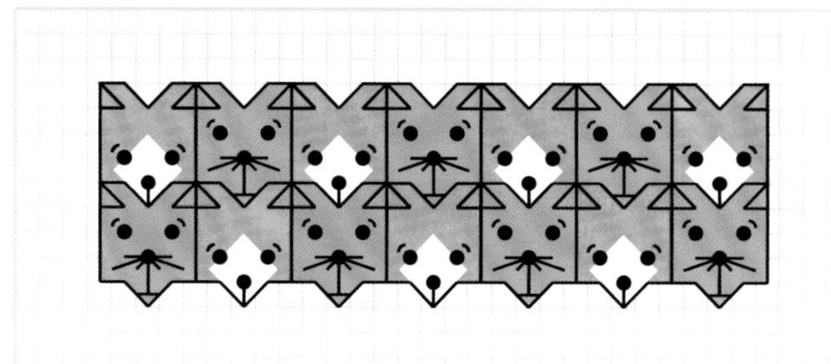

5 接着是第二行，在第一行的下面继续画出七个图案。记住：所有的图案必须相互接触。

6 再画一行七个图案，你可以将这一过程不断重复。

7 画完之后，在每张脸上用记号笔涂上具有对比效果的色彩。

运动的错觉

如何在静态的画作中展现出物体的动态效果？达·芬奇非常着迷于各种动态的表现：风、云、发条动力、水车轮等。他很喜欢去花鸟市场买鸟，因为他可以把鸟放飞，从而观察鸟类的飞行过程。

达·芬奇对所有动物的观察都十分仔细，他对每种动物的动作都做了详细记录。他曾这样写道："蜻蜓用四片翅膀飞行，当前一对翅膀上升时，后一对翅膀则会下降。"

正是源于如此细致的观察，达·芬奇能够知道如何在画中表现动作。他这样说过："同一个对象不要重复同一个动作，四肢、手掌、手指都要注意，也不要在一幅叙事画作中出现相同的姿势。"换句话说，如果你想在一幅画中表现出强烈的动感，那么就要让画中的每个人、每个动物都做着不同的动作。

达·芬奇笔下充满动感的扬蹄骏马。

弹指之间

达·芬奇能瞬间看清蜻蜓翅膀的运动轨迹，或是马儿在奋起扬蹄时前蹄和马头的动作，可见达·芬奇的眼力之好。

当然，这不需要再等400年了。1870年，埃德沃德·迈布里奇，一位在美国工作的英国摄影师就用照片解决了这个问题。

《奔马上的骑师》，由埃德沃德·迈布里奇拍摄。

跳帧运动

埃德沃德·迈布里奇（1830~1904），因其1872年在加州拍摄的风景画而闻名。当时的州长利兰·斯坦福，请他帮忙解决一个赌局。斯坦福州长认为马儿在疾驰时会四脚离地，但他的对手却持相反意见，认为马儿在奔跑时总有一条腿是和地面接触的。因此，州长先生相信照相技术能给出答案。

从埃德沃德·迈布里奇最初的奔马照片来看，州长先生似乎是对的，但仍不那么确定。由于州长先生对此非常感兴趣，在州长先生的赞助下，埃德沃德·迈布里奇继续着他的摄影探索。1878年左右，他创作了一种用多部相机同时抓拍静止照片的方法。这次，他完全证明了州长先生是对的。利用拍照技术，人们能够看清那些由于运动过快而无法被人眼捕捉的事物。

发明移动镜头

达·芬奇对发明和玩游戏如此痴迷，很难想象他会不喜欢透镜图像的动画。

没听说过透镜图像？但我相信，你肯定在明信片和动画片中见过它，只是当时不知道这个名字而已。透镜图像会将好几幅图像展示在你面前，且画面的前后滚动，主要取决于你的位置和你观看的时间。这个单词的意思是“透镜状的”或“和眼睛的透镜有关的”。这种技术在1920年开始发展，并广泛应用于早期的彩色影片中。

在透镜明信片上，你可能会注意到它的表面覆盖了一层塑料，这也是透镜明信片会产生神奇效果的原因之一。

工作原理

将两幅或多幅图像分割成数条，然后将几幅画交替着叠加、排列，这就是透镜图像的基础。然后，再在图像上封上一层带圆形脊的塑料，边脊的宽度应和下方分割后的纸条宽度完全一致。因此，如果是两幅画被分割，则一侧圆边的宽度应和被分割的画的宽度一致。

透镜图像具有魔术效应的另一因素是光。正如你在第一章中所学的，光是沿直线传播的，但当光碰到凸起的表面时，光线就会弯曲。这就是透镜图像里所发生的：光线穿过圆形边脊，会产生弯曲，并进入你的眼睛。因此，随着你在画的面前改变位置，你所看到的图像也会发生变化。

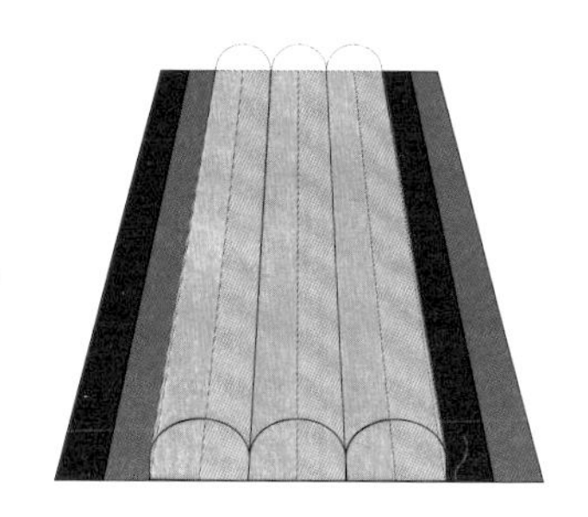

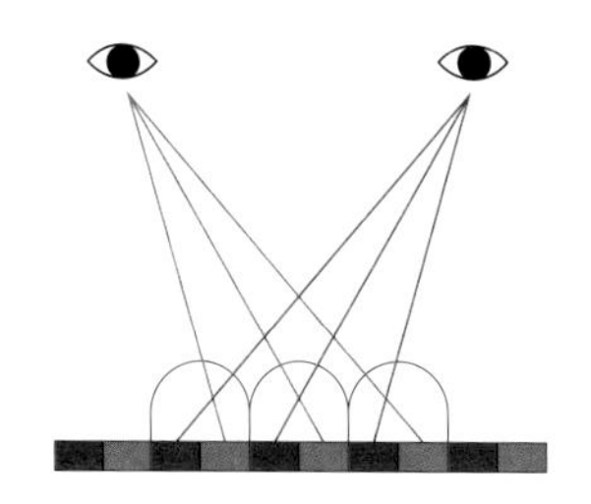

实验

制作一幅折页透镜图像

你需要准备的材料：

- 两张21.5厘米×28厘米的厚白卡纸
- 一张28厘米×43厘米的白卡纸
- 纸
- 铅笔
- 直尺
- 三角尺
- 切割垫
- 美工刀
- 透明胶带
- 彩色铅笔或记号笔
- 胶棒

左侧视角

正面视角

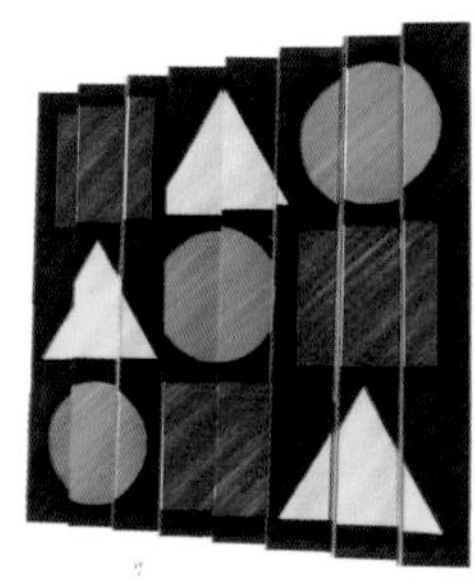
右侧视角

只要简单地运用纸张，我们就可以自制“动画片”。折页透镜图像是一种由两张或多张图片交错形成的三维图片。

要使这类实验的效果达到最佳，需要我们先准备两张相互有关联的图片。例如，你可以选用两幅同样尺寸的婴儿脸部图片或老人的脸部图片；或者，你也可以选择一幅皱眉的脸部图片和一幅笑脸的图片。这样的技巧同样可以表现出时间的流逝，比方说，你可以选择两幅树木的图片，一幅长有树叶代表夏天，一幅则是枯木代表冬天。

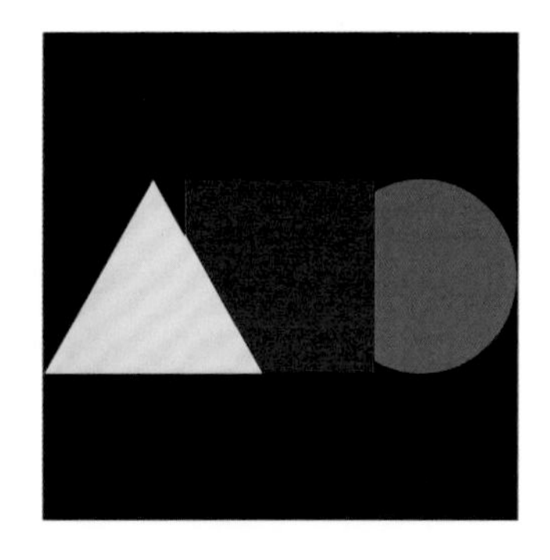

1 用直尺、三角尺、铅笔进行测量，将纸裁成两张边长为20厘米的正方形纸片。

2 制作你自己的图片。用照片、彩色铅笔、记号笔，绘制两组水平的图案。

3 如图所示，将图片正面朝下放在切割垫上，用尺和铅笔在上下两条边上，以每隔2.5厘米的间距做一个记号，然后将顶部和底部两条边上的记号用尺连接起来。

4 从左到右，在每一张纸条的背面编号：8、7、6、5、4、3、2、1。

5 用美工刀和尺将纸沿着先前的划线裁成八张小纸条。

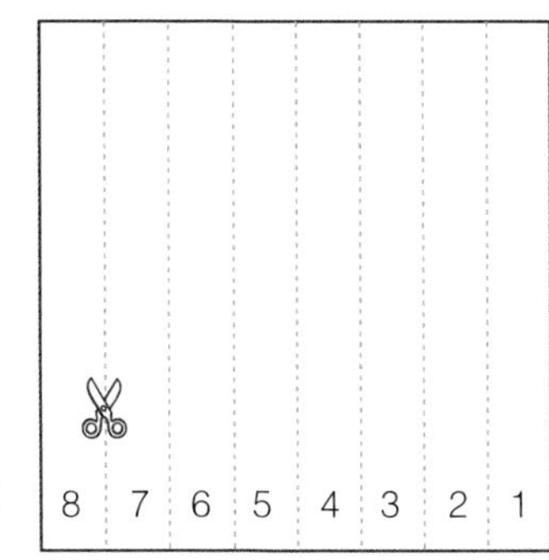

6 取出第二张纸，重复步骤3～5，然后从左到右将小纸条用H、G、F、E、D、C、B、A编号。

7 将28厘米×43厘米的白卡纸平放，从左到右，按照A、1、B、2、C、3、D、4、E、5、F、6、G、7、H、8的顺序排列摆放，并将其一一粘贴在纸上。同时，要确保纸片之间排列紧密，边靠边，上下对齐。然后，用美工刀和尺裁掉白边。最后作品的尺寸是20厘米×40厘米。

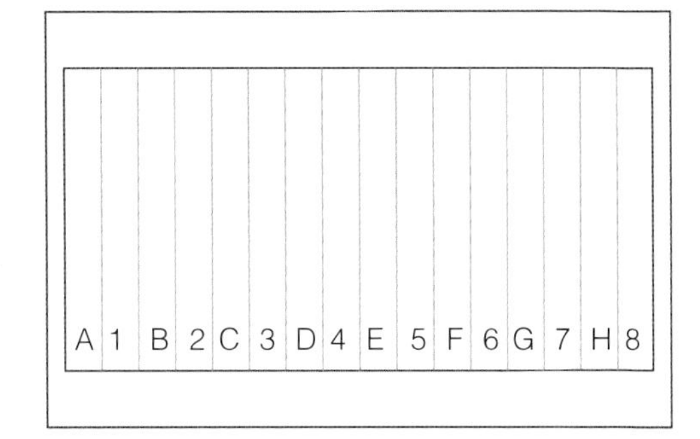

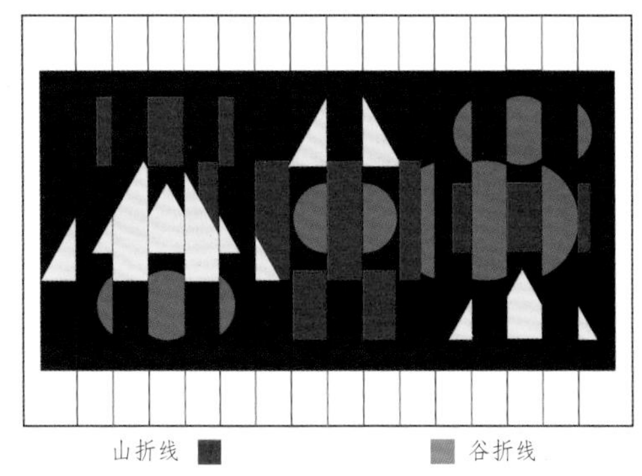

8 沿着图片的接缝处，将图片折成风琴的样式。

9 调整折叠的角度，控制在90度。这样，一幅折页透镜图像就做好了。接着，我们来测试一下。

10 将这幅透镜图像放在桌子上。首先直视，你同时能看到两幅图像。如果你要看到你的图像动起来，那么请左右调整你的视角。

将探索更进一步

将折页透镜图像固定在垂直的表面上，这样每当你经过它的时候就可以看到不一样的图像了（门厅是个不错的选择）。

艺术折射出生活

镜面反射

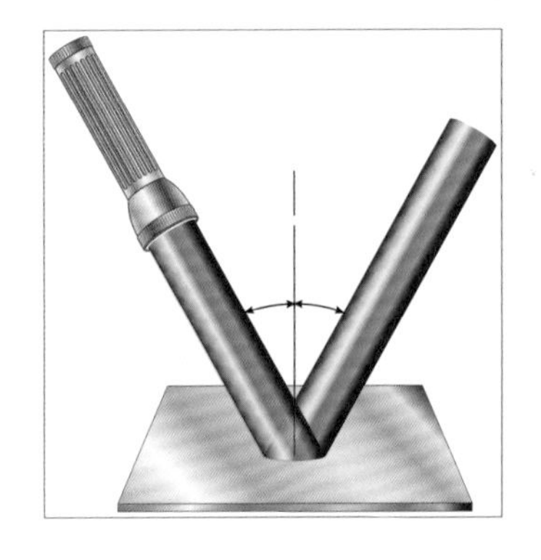

我们身边几乎所有的事物都能反射光线。如果不反光，我们就无法看见事物的存在。比如白色的墙面，它的反光能力就极强，甚至能照亮一个房间或照得我们眼花。

但有些表面具有特性，其反射光线和源光线完全一致，我们称之为镜面反射。这样的表面也被我们称为镜子。实际上，“反射镜”正是镜子的旧式叫法。

越光滑越好

为什么越光滑越好呢？让我们一起来看看原因。当光线照射到光滑的白色墙面时，其产生的是漫反射。光线以某个角度照射到墙上，这个角度被称为入射角。墙壁的暗面反射出的光线会有很多不同的角度，这样就能照亮整个房间了。

但在镜面反射的情况下，当光线照射在一个光滑的平面上，并不会产生漫反射。镜面反射的光线，其反射角度和入射角度是一致的，这就是我们看到的镜面反射。当然，由于我们看到的光线经过了反射，因此镜子里的图像和现实中的图像是相反的。

自然界的反射

这一现象也存在于自然界。在无风的情况下，湖水表面保持静止，因为这时候的湖面是光滑的，没有波纹。当太阳光的角度合适的时候，我们就会看到湖面像镜子一样将周围的景物清晰地反射到了湖面上。因为是反射到湖面上，所以你看到的树木都是颠倒的，即都是朝着湖底生长的。

金属反射

在古代，中国和埃及都曾用抛光的金属来制作镜子，比如铜镜。随着玻璃制作技艺的发展，工匠们在制造镜子时，会将很薄的抛光金属片覆在玻璃板或无色水晶上。

一面古埃及的铜镜，铜镜的手柄是女神伊西斯的造型。

在欧洲，一种现代的玻璃制作方法在中世纪成型，其方法是混合玻璃片与气态水银。水银是一种有毒的银色金属，常温下呈液态。将水银与其他稀有金属混合，可以用来制作镜子。

艺术中的镜子

人们都喜欢看到自己，但是在早期，大多数人的家里并没有镜子。当时的镜子又小又贵，只有少部分有钱人才买得起。艺术家们尤其喜欢镜子，从中世纪开始，镜子便陆续出现在挂毯和绘画中。

一幅带有镜子的室内肖像画，往往可以体现出绘画对象的财富与地位。但更重要的是，镜子让画家看到了将其放入画中会产生的巨大魔力。镜子可以让画家和看画的人看到某些不在眼前的东西，因为镜子可以让你同时看到某人的前方和后方，或是隔壁房间。这对于绘画是革命性的突破，是科学和魔法的混合体！

这是一幅15世纪的法国挂毯，画中的女人正在用镜子照一匹独角兽的脸。镜子很小，但有边框且镜座是用黄金铸就的，显得弥足珍贵。

这幅作品由比利时画家昆汀·马西斯于1524年绘制。画中的男女分别是一个放贷人以及他的妻子，在他们的桌前有一面凸透镜。观察这面镜子，你可以看到另外一个房间。房间里，有一个人正在看书，通过房间的窗户，我们还能看到窗外的小镇。

实验

制作一个无限镜

用柔性塑料镜面组成一个方形或三角形的棱镜，使之形成一个可以无限反射的空间。

你需要准备的材料：

- 15厘米×22.5厘米的柔性塑料镜面
- 切割垫
- 细尖的黑色记号笔
- 尺
- 量角器
- 美工刀
- 胶带纸

1 将柔性塑料镜面的正面朝下，放在工作台上。用尺和记号笔在上下两条22.5厘米的边上，每隔7.5厘米做一个记号。

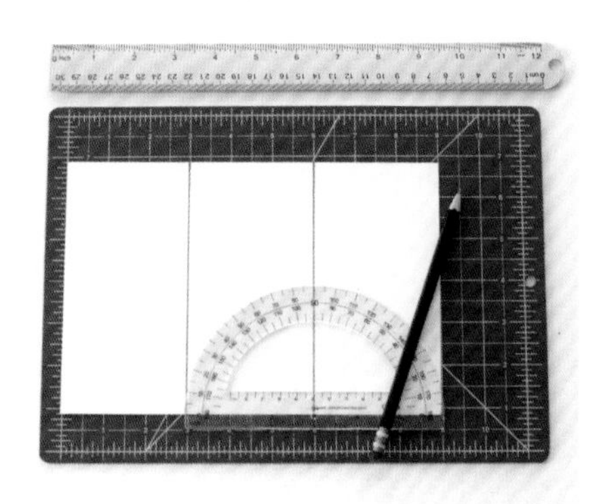

2 用直线将每隔7.5厘米的记号连接起来。

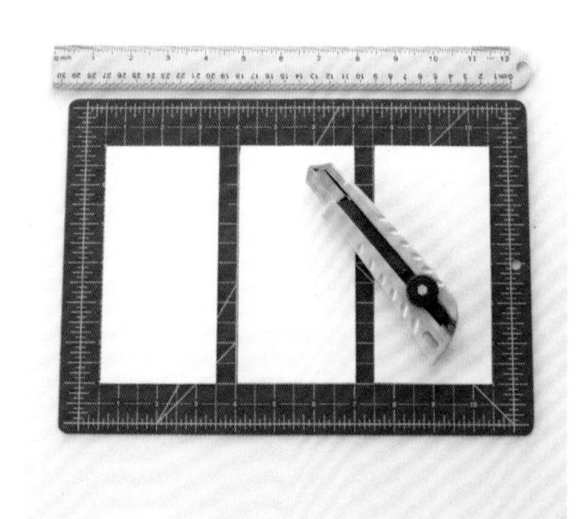

3 如图所示，将柔性塑料镜面的反光面朝下放在切割垫上，沿之前画的直线切开，分成三段镜面。

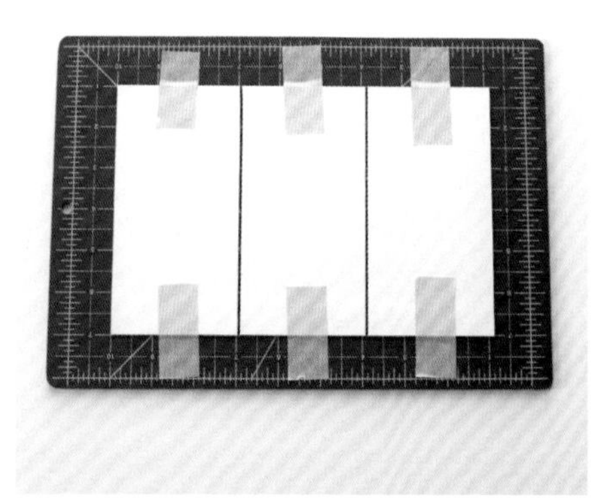

4 将分开的三段镜面排列成长方形，每两段之间留出1毫米的空隙，并用胶带将其固定在切割垫上。

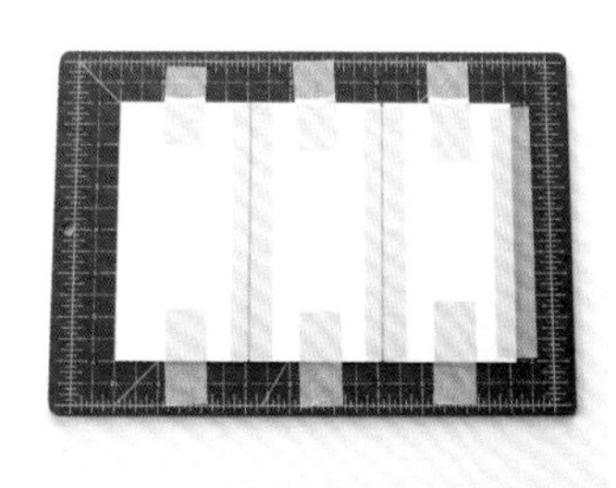

5 如图所示，沿两条中缝，用胶带将三段镜面连接起来。注意，要将第三条胶带贴在最右侧边缘。移除先前用来固定镜面与切割垫的胶带，并把已经黏合的三段镜面拿起来。

6 将镜面反过来，正面朝上，取下镜面的保护膜。注意：避免手碰到反光面，以免留下指纹弄脏镜面。如果不小心弄脏的话，可以用软布轻轻擦拭。

7 首先，确保三段镜面的反光面均朝上摆放。接着，把外侧的两段镜面向内折叠，摆成一个三角柱体。随后，用接缝处的胶带将外侧的两段镜面粘起来。现在，一起来试试这个无限镜吧！

8 将无限镜拿到面前，闭上一只眼睛，用另一只眼睛来观察。移动镜筒，观察四周的事物。我们会发现：通过镜筒所看到的事物都会形成无限的镜像。

9 你周围的一切都会在你的无限镜中变成图案。人脸、羽毛、树叶、树皮、木纹的表面……任何东西！

寻找图案

如果要寻找图像和图案，那么无限镜绝对是一件极好的工具，或者说是玩具。捕捉你所见到的图片，并将它们记录下来。将无限镜放在照相机的镜头前，拍下照片，你将会得到怎样的图案呢？

自然界没有线条，只有一片接着一片的色彩。
——爱杜尔·马奈

用眼睛混合颜色

达·芬奇曾这样建议：“着眼于自然，然后不断发挥你的想象力。”

这是达·芬奇的肖像画：《基涅弗拉·德·奔茜》。画中人物细节清晰，集中在前景，而背景则是雾蒙蒙的蓝色天空，表现出了深邃的空间效果。

画家在绘画时，更注重的是眼睛看到的内容。例如，当视线投向远方，我们看到的颜色会变淡；一组相邻的对比色会显得很突出，而一组相邻的类似色在我们的眼里则会相互融合。在达·芬奇的作品中，为了营造空间上的深邃感，他常常会将背景和阴影处理成蓝色，从而使景色淡入雾气，最后与天空的色调融为一体。因此，即使是平面绘画，我们也能真切地感受到画面中的空间感。

当你在观赏达·芬奇的肖像画时，你会觉得画中人宛如就在眼前一般，因为你甚至很难发现画中笔触的痕迹，这些画作中的细节几乎都是精确地还原了人物真实的模样。但当你近距离地观看时，就会发现画中人物和背景的交接处其实并非那么准确自然。然而，这并不重要，你只要改变一下观看方式这个问题就不存在了。

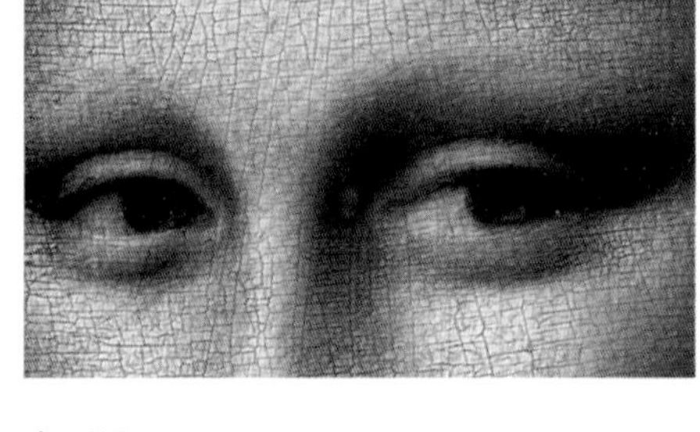

向后退

达·芬奇的时代过去之后，画家们在作品中试验了另一种不同的距离。当你靠近画作时，你只能看到明细的笔触和一块块模糊的色彩，而无法看出人物的鼻子或一根根头发。只有当你后退数步，站在远处观赏时，画面才会凝聚，细节才会得到突出。

这是奥古斯特·雷诺阿的作品：《阅读中的少女》（1874年）。你越往后退，女孩的模样越清晰。

这是亨利·埃德蒙德·克劳斯的作品：《他眼中的海》。在这幅画作中，水色的变幻全是通过彩色的小点来呈现的。

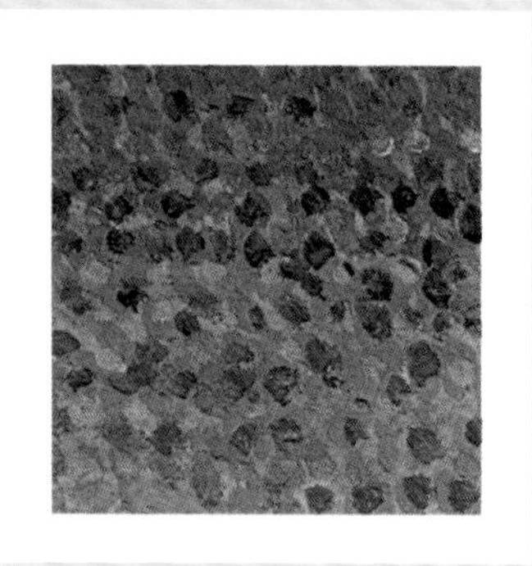

很久以前，画家就已经创作出了需要远距离观赏的作品，但直到18世纪中叶，这种技艺才由法国印象派画家们将其带到了一个新的高度。印象派画家大多会选择在室外创作，而非待在工作室中。他们想要抓住阳光的变化，也就是那种随着时间流逝，景物在眼中留下的“印象”。当时，科学家们已经知道眼睛所见和脑中所想是两回事。作为现代主义艺术家，印象派画家追求的是光线随气候和氛围的变化所呈现出来的效果。

现在我们已经习惯通过阅读画中的笔触来欣赏印象派作品之美。但在那个年代，这种风格对大多数评论家来说还是太过现代化，他们认为这些作品是未完成的涂鸦。因此，印象派画家们不得不将印象派的作品和其他画作分开，进行单独展出。

用科学的方式来画点

18世纪晚期，艺术家们将印象派风格继续向前推进，创造出了我们现在称为“点彩派”的绘画风格。科学家们依然在研究色彩与光线的效果，当时著名的画家提出了两项绘画原则：第一，当两个颜色靠得非常近的时候，从远处看，会看到第三种颜色；第二，晕轮效应。

尝试晕轮效应

你也许已经在科学课上对晕轮效应有所认识了。如果没有的话，不妨现在来试一试。当你盯着一个颜色看一会儿，再迅速将视线转移到一个纯白的平面时，就会发生晕轮效应。你会立刻先看到之前颜色的互补色，一种颜色的互补色往往是它在色轮上对面的那个颜色。艺术家们对此给出的解释是，当互补的色彩在画面中相互接触时，眼睛会在两色交界之处看到第三种颜色。

不同颜色的互补色。

绘画中的科学

这是点彩派画家想在作品中捕捉到的效果，也是一种科学的绘画方式，它能让精确的点或具有色彩的点紧紧相邻，从而创造出一种奇特的视觉效果，它能让观赏者在画中看到色谱上所有的颜色。

点彩派最著名的作品是乔治·修拉的《大碗岛星期天的下午》。这幅画的尺寸相当于一面墙的大小，约2米×3米。凑近看画时，你会发现整幅画都是由各种互补色的小点所组成。远距离观看时，由于眼睛会将互补色混合，因此你会看到无数新的色彩。

乔治·修拉花了两年时间来完成这幅点彩派作品《大碗岛星期天的下午》（1884～1886）。

实验

光学的颜色混合

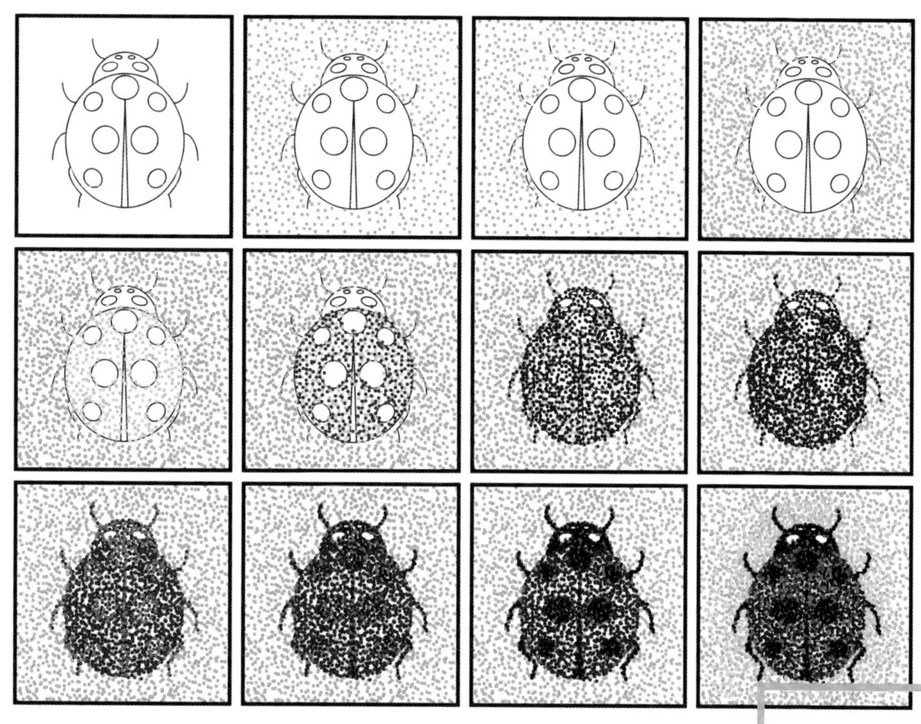

接下来，我们要尝试用点彩法进行创作。这个实验需要我们仔细观察和充分发挥想象力，将色点与光学混合，制作一幅色彩艳丽的几何图形作品。注意，在这幅作品中，应至少要包含三种几何图形。同时，在画到帆布上之前，记得先在纸上打草稿。

这是用点彩法画的瓢虫范例，受到了查理·哈珀（1922～2007）作品的启发。查理·哈珀是一个现代主义的野生动物插画家、生态学者，并长期从事美术设计。他的作品几乎都是几何结构，色彩艳丽、画面生动、脑洞大开。

仔细观察这张画，你会发现在色彩的光学混合过程中，它是循序渐进的，并使用了大量有颜色的点。

你需要准备的材料：

网格纸

铅笔

尺

彩色记号笔

卡纸

橡皮

丙烯画颜料和画笔

1 用铅笔和尺，在网格纸上划分出数块方形的绘画区域。

2 先用铅笔在方形的绘画区域中绘制图案的草图。

3 如图所示，在上下邻近的方格中绘制相同的图案，但要注意的是，这里要用点而不是用线来画。因为是用彩色的记号笔来画点，所以你要提前构思好整幅画面的颜色，如你画的对象要用什么颜色，背景用什么颜色等。此外，图案的参数也需要提前进行构思，比如重叠的形状和大小的变化。

4 在你设计的这几幅图案中，选择一幅你最喜欢的图案，将它以更大的尺寸画到卡纸上。你可以先用铅笔轻轻地打草稿，之后再用橡皮将铅笔线条擦掉。

5 参考第129页瓢虫的绘画步骤。运用点彩法时，你可以选择使用彩色记号笔作画，或丙烯画颜料点缀作画。

6 选择背景的主色调，用点彩法上色。在上色时，注意点与点之间要预留出空隙。

7 选择与背景色相近的色彩，点缀在你之前画的点的边上。如果之前用的是绿色的背景，那么现在可以选择黄色、黄绿色、蓝色，以及蓝绿色的点继续绘画。

8 绘制前景的物体。首先要确定物体的主色调。主色调绘制完成后，为了使色彩更加多样化，我们还需继续加入其他不同的颜色。如果你画的是一个红色的物体，那么可以在物体上再加入橙色、橙红色、粉色、紫色，以及紫红色的点。

9 最后，签上名字、写上日期，把它放在你能随时欣赏到的地方。

第六章

达·芬奇的特质

一些关于 达·芬奇的事情

拥有一本笔记本，并像天才一样使用它！

在达·芬奇的笔记中，他很少提到自己。有时，他会记下他想要研究的东西，或是作为备忘录来使用。但是，他不会记录他的日常行为，或是他对于自己生活的种种想法。

在我们所常见的达·芬奇的肖像画中，他都是作为一名老人的形象出现。本页的肖像画，是达·芬奇的朋友弗朗西斯科·梅尔兹在大约1515年替他画的，当时离他67岁过世还有四年的时间。虽然这时的达·芬奇已经年迈，并且留着长发和络腮胡子，但据熟悉他的人说，他在年轻时可是个非常英俊的小伙。

乔尔乔·瓦萨里（1511～1574）是一名艺术家兼作家，著有《著名画家、雕塑家、建筑家传》一书。这本书将文艺复兴时期几乎所有重要的艺术家都囊括在内，并记录着对这些艺术家的客观评价。评价达·芬奇时，瓦萨里毫不吝啬溢美之词："上天赐予一个人如此俊朗的外形，同时又让他谦逊有礼且才华横溢，这是非常罕见的——这个人就是达·芬奇。他是一个外形俊美的艺术家，谦谦君子又天赋异禀，任何研究都能信手拈来、有所斩获……"多么不可思议啊！

此外，熟悉达·芬奇的人还给出了相同的评价：迷人、优雅、幽默、健谈且身体强壮。达·芬奇喜欢音乐，会唱歌和演奏多种乐器；他喜欢自然与动物，因此终身吃素并以此为荣。可以说，达·芬奇就是一个完美的人。

自学成才

正如我们所知，达·芬奇从未接受过正规的学校教育，因此更不可能通晓古老的希腊语和拉丁语。他无法阅读那些用希腊语和拉丁语写成的哲学、自然、历史等著作，但这没有成为阻挡他学习的障碍，他会去阅读所有他能找到的相关译本。他知道自己才华横溢，可他从不吹嘘。相反，他珍视自己的天赋，并充分利用了他的卓越才智。而我们，则非常有幸能够通过他的笔记本领略到他的才华。

他在笔记本上写写画画坚持了40年，留下了13000余页，所涉猎的领域广泛，混杂了各种内容，比如：他的画作，他的发明，戏剧器材，几何游戏，对天气的观察，关于光影的研究，解剖学图示，对于循环系统的讨论，关于太阳、月亮以及太阳系的研究，人与树的草图，还有更多别的东西。

达·芬奇相信万物皆有关联。他一直坚持学习，并擅长自学。他的笔记本只有一半被保存了下来，这让我们为那些失去的部分感到遗憾。然而，即使是现存的这一半，也足以让我们了解到他的非凡天赋。

这是达·芬奇笔记本上的一页，他在这一页上写满了他关于抽水机的构思。

拥有一本属于自己的笔记本

达·芬奇无时无刻不带着他的笔记本，他将笔记本拴在腰带上，因此他能随时拿出来画画、写字、记录想法。

我们也要把携带笔记本当成一种习惯，以备后用。或许你会说，用手机或平板做电子记录会更便捷，但事实并非如此，研究显示：当手写记录的时候，我们的记忆能更持久。使用笔记本，还能让我们又写又画又安排日程，供以后翻看。每本笔记本都是一个时光胶囊，它能够记录你曾经在想些什么，以及思考的程度。

达·芬奇的笔记大多数是从右写到左的，这一点导致了他的笔记本很与众不同。但达·芬奇这样写并不是为了故弄玄虚，他是左撇子，因此从右写到左对他来说更方便。

接下来的内容是如何制作笔记本，我们收录了两种制作笔记本的方式。从中选择一种你喜欢的样式进行尝试吧。当然，你也可以制作更多的笔记本，供以后使用。别担心你的想法和草图不如达·芬奇的好，制作的过程才是探索和乐趣的所在。达·芬奇从来没有机会体验他梦想中的飞行，但他从不会停止梦想！

制作一本笔记本吧，然后像天才一样使用它！

实验

你需要准备的材料

一张21.5厘米×28厘米的纸

剪刀

制作一本便携笔记本

制作这本便携笔记本花不了多少时间，它仅仅需要一张纸。制作完成后，你可以把便携笔记本放在衬衣口袋里，在灵感乍现时将思想随时记录下来。

制作笔记本的时候可以参考这张图片的折痕。

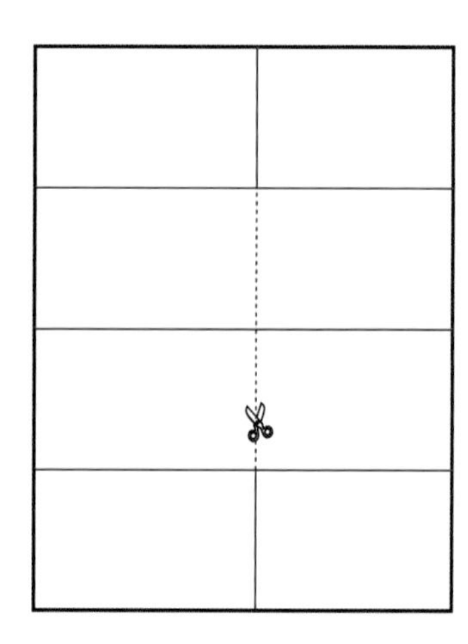

1 如图所示，将纸沿长边对折，然后打开。

2 将纸再沿短边对折。

3 如图所示，再次对折。

4 将纸打开到图示的对折状态，用剪刀沿最后的折痕在中间剪开。

5 捏住中间靠近切口的折痕，将纸向下转，形成四个开面。然后把本子合上，并留下折痕。

6 如图所示，在本子每一页的右下角标记页码。现在，将本子打开，你看到是如何安排页面的了吗?

实验

DIY达·芬奇的笔记本

你可以自制笔记本，像达·芬奇那样记录你的想法、创意和观察。采用活页环固定你的笔记本，这样本子能更易于摊平或合拢，增减页数也很方便。

你需要准备的材料：

- 30~40张21.5厘米×28厘米的纸
- 五张21.5厘米×28厘米的彩色卡纸
- 可调的三孔打孔机
- 铅笔
- 尺
- 切割垫
- 美工刀
- 一个长尾夹
- 三个2.5厘米的活页环
- 两张21.5厘米×14厘米的刨花板或硬纸板
- 三角尺

1 整理你的纸和卡纸，将所有的纸分为五沓。拿出一沓来，摆放整齐，放在切割垫上。

2 用尺和铅笔，在两条长边上14厘米处做好标记。用尺将两个标记点连接起来，然后用美工刀把纸切成两半。重复这个过程，将另外四沓也一起切开，这样你就拥有了60~80张纸，且每张纸都是原来大小的一半。把这些纸理好，分为五沓。

3 调整打孔机，接下来我们要在21.5厘米的一侧垂直地打上三个孔，如图所示。你可以叫大人来帮忙，第一个孔和最后一个孔分别距离顶部和底部约3.8厘米。现在开始打孔。

4 用彩色卡纸将白纸分成几个部分，用长尾夹把纸夹好。

5 在刨花板或者硬纸板上用直尺、三角尺和铅笔进行测量，标记出准备打孔的位置，确保三个孔位于一条垂线上，并且两孔之间的距离相等。用打孔机在板子的长边上打上三个孔，这些板子是用来充当封面和封底的。

6 按照封底、内页、封面的顺序叠放，用长尾夹将纸都固定住，再用活页环穿过三个圆孔，最后合上活页环。在封面和封底上，你可以按照你喜欢的方式进行个性化的装饰，比如画画、印记、版画、刺绣、牛皮胶布、拼贴画等。

随身携带

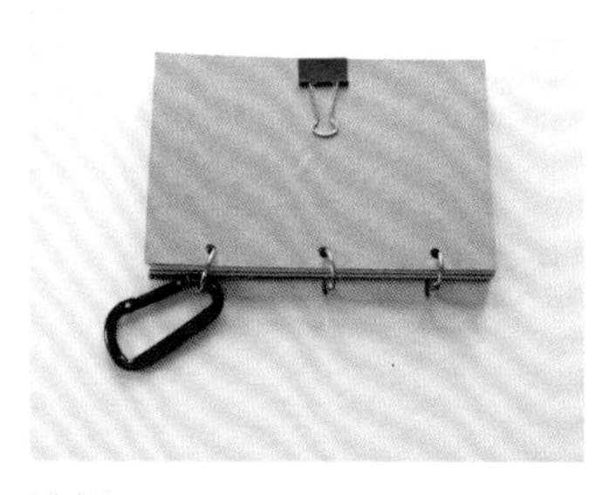

选择一

在其中一个活页环上套上钩锁，将笔记本挂在你裤子的腰带或者背包上。

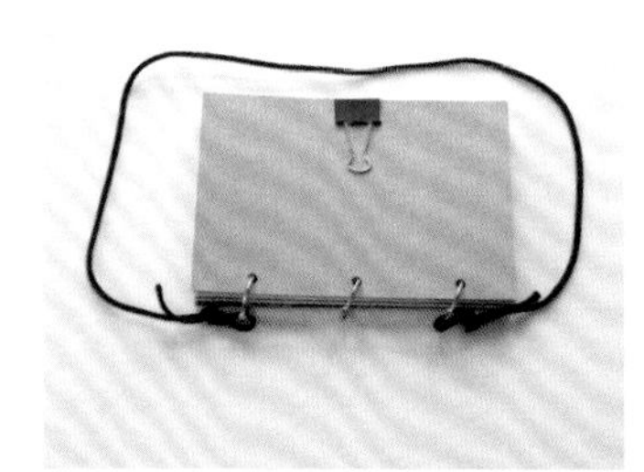

选择二

剪一段91厘米的绳子，将两端固定在一个或两个活页环上，调整到适合你用肩背的位置。

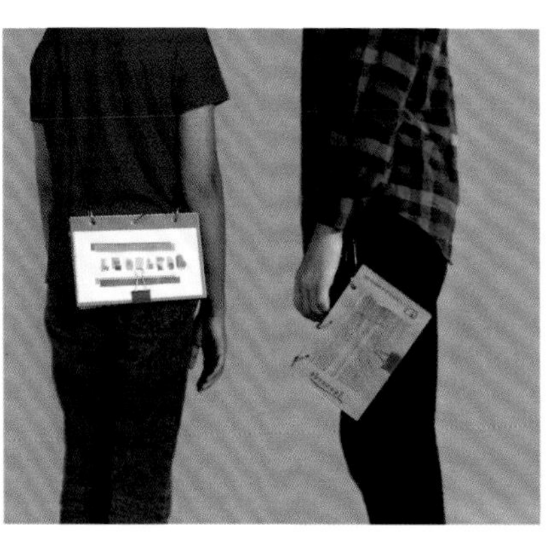

一些在使用上的建议：

将使用笔记本的过程看作一种探索，探索深藏在你心中的达·芬奇。

将有用的意见列一个清单，然后记在笔记本上。尝试每天提一个意见。

本子上有一个特殊区域，它专门用来记录你感到好奇的事情。将你自己感兴趣、想进一步了解的事情列出来，作为对自己的提醒，比如密码编译、糖果的制作、养殖蚯蚓、焊接技巧、可穿戴技术、水培法、仿生学等等，列出的内容还可以包括你对此感兴趣的原因。

将一些工具类的知识记录在笔记本上，它将有助于引起你的注意并解释一些现象。一张潮汐图、一张农历日历、一张柏拉图多面体的图、一张单位换算表、黄金比例、斐波那契数列、几何公式、时区图……你还能想到什么呢?

留一点空白，写下“如果……”。

像达·芬奇一样，写一封勉励自己的信。

留出一页来设计你的创意执照。它有点像驾照，但是更有用，因为它允许你去实验、调查、犯错、解决问题。

原版书图片来源

BRIDGEMAN IMAGES

TABLE OF CONTENTS: A model of Leonardo's design for an aerial screw (helicopter). Private collection, Bridgeman Images. XOT366470

PAGE 6: Cecilia Gallerani, *The Lady with the Ermine*, 1496. Czartoryski Museum, Cracow, Poland / Bridgeman Images XCZ229152

PAGE 8: Pages from one of Leonardo's notebooks, he has sketched clouds, plants, a rearing horse, a man in profile, engineering ideas, and more—proof of a curious mind on a single spread of a notebook. Royal Collection Trust © Her Majesty Queen Elizabeth II, 2017 / Bridgeman Images ROC478414

PAGE 10: Leonardo recorded notes on his studies of light rays throughout his notebooks. Mondadori Portfolio, Bridgeman Images MEB 944072

PAGE 11: A replica of Newton's color wheel. Dorling Kindersley/ UIG / Bridgeman Images UIG844476

PAGE 23: Face of an angel. Detail from *Virgin of the Rocks*, 1483–1490, oil on panel transferred to canvas, 197 × 120 cm. De Agostini Picture Library. G. Dagli Orti. Bridgeman Images BL72634

PAGE 36: From one of Leonardo's notebooks: Studies of reflections from concave mirrors. On the right-hand page Leonardo details that in using concave mirrors of equal diameter, the one that has a shallower curve will concentrate the highest number of reflected rays on to a focal point, and 'as a consequence, it will kindle a fire with greater rapidity and force'. / British Library, London, UK / © British Library Board. All Rights Reserved / Bridgeman Images BL3284597

PAGE 45: First published illustration of a camera obscura observing a solar eclipse in January 1544 (woodcut) (b/w photo), Dutch School, (16th century) / Private Collection / Bridgeman Images XJF347901

PAGE 46: *Mona Lisa*, detail of her hands, c.1503–06 (oil on panel), Vinci, Leonardo da (1452–1519) / Louvre, Paris, France / Bridgeman Images XIR183793

PAGE 47: Silhouette of Sarah Faraday (1800–79) from Michael Faraday's scrapbook, 1821 (ink on paper), Faraday, Michael (1791–1867) / The Royal Institution, London, UK / Bridgeman Images TRI168546

PAGE 47: *A Sure and Convenient Machine for Drawing Silhouettes*, c.1790 (engraving), English School, (18th century) / Science Museum, London, UK / Bridgeman Images NRM260289

PAGE 51: Still from a silhouette animation film by Lotte Reiniger, 1919 (b/w photo), Reiniger, Lotte (1899-1981) / © SZ Photo / Bridgeman Images SZT3050659

PAGE 52: Study of draped fabric on a Figure, c.1475–80, Leonardo da Vinci / Louvre, Paris, France / Bridgeman Images XIR181227

PAGE 53: *Portrait of Simonetta Vespucci as a Nymph*, tempera on panel, Städelsches Kunstinstitut, Frankfurt-am-Main, Germany, 1485 / Pictures from History / Bridgeman Images PFH3085720

PAGE 53: *Portrait of a Lady from the Court of Milan*, c.1490–95 (oil on panel), Louvre, Paris, France / Bridgeman Images XIR34379

PAGE 56: Reconstruction of a mechanical clock, in wood, from a design by Leonardo / Museo Leonardiano, Vinci, Italy / Bridgeman Images FAR235956

PAGE 57 (bottom): Study of light and shadow, from *Atlantic Codex* (*Codex Atlanticus*), by Leonardo da Vinci, folio 650 recto, Vinci, Leonardo da (1452–1519) / Biblioteca Ambrosiana, Milan, Italy / De Agostini Picture Library / Bridgeman Images VBA436298

PAGE 74 (bottom): Detail: Perspectograph with man examining inside from the *Atlantic Codex* (*Codex Atlanticus*) by Leonardo da Vinci, folio 5 recto / Biblioteca Ambrosiana, Milan, Italy / De Agostini Picture Library / Bridgeman Images VBA435008

PAGE 77: Cloister at Pater Noster Church and Convent, Jerusalem, Israel, 2007 (photo) / © Samuel Magal, Sites & Photos Ltd. / Bridgeman Images SAP478937

PAGE 78 (left): Roman mosaic of polychrome geometric motifs. 3rd century B.C. / Tarker / Bridgeman Images TRK1109481

PAGE 78 (right): Italy, Milan, Church of Saint Mary Staying with Saint Satyrus, High altar, by Donato Bramante / De Agostini Picture Library / G. Cigolini / Bridgeman Images DGA763233

PAGE 86 (left): Leonardo's portrait of a warrior. London, British Museum / Bridgeman Images DGA 502949

PAGE 86 (right): In drawing the heads of this child, Leonardo was clearly fascinated with the spiral forms of his curls. Musée des Beaux-Arts, Caen, France, Bridgeman Images XIR161995

PAGE 88: Leonardo Pisano Fibonacci (1170?–1250), engraving by Pelle. Bridgeman Images XRD1728573

PAGE 92 (right): Study of water wheel, from *Atlantic Codex* (*Codex Atlanticus*) by Leonardo da Vinci, folio 695 recto/ Biblioteca Ambrosiana, Milan, Italy / De Agostini Picture Library / Bridgeman Images VBA436388

PAGE 92 (left): Detail of a rose from a botanical table by Leonardo da Vinci (1452–1519), drawing 237 / De Agostini Picture Library / Bridgeman Images DGA648560

PAGE 93 (top): Letters from *Divina Proportione* by Luca Pacioli (c.1445–1517), originally pub. Venice, 1509 (litho), Private Collection / The Stapleton Collection / Bridgeman Images (A) BMR214060 (D) STC740340

PAGE 93 (bottom): Portrait of Luca Pacioli. Jacopo de' Barbai (1440/50–a.1515) / oil on panel / Museo di Capodimonte, Naples, Campania, Italy / Bridgeman Images XAL55519

PAGE 94 (top): Pages from Leonardo's geometrical game ('ludo geometrico'), from *Atlantic Codex* (*Codex Atlanticus*), / Biblioteca Ambrosiana, Milan, Italy / De Agostini Picture Library / Bridgeman Images VBA436252

PAGE 100: Drawings by Leonardo from *De divina proportione* by Luca Pacioli, / Biblioteca Ambrosiana, Milan, Italy / De Agostini Picture Library / Bridgeman Images VBA737673 VBA737675

PAGE 106 (top): Studies of flowing water, with notes (red chalk with pen & ink on paper), Vinci, Leonardo da (1452–1519) / Royal Collection Trust © Her Majesty Queen Elizabeth II, 2017 / Bridgeman Images ROC478424

PAGE 114: *Mona Lisa*, c.1503–6 (oil on panel) (detail of 3179), Vinci, Leonardo da (1452–1519) / Louvre, Paris, France / Bridgeman Images XIR291665

PAGE 118: A rearing horse, c.1503–04 (pen & ink and chalk on paper), Vinci, Leonardo da (1452–1519) / Royal Collection Trust © Her Majesty Queen Elizabeth II, 2017 / Bridgeman Images ROC399225

PAGE 123 (top): Mirror: Isis with Horus as a baby, c.1539–1295 B.C. (bronze), Egyptian School / Indianapolis Museum of Art at Newfields, USA / James V. Sweetser Fund / Bridgeman Images IMA1560632

PAGE 123 (bottom left): *The Lady and the Unicorn*: "Sight" (tapestry), French School, (15th century) / Musée National du Moyen Âge et des Thermes de Cluny, Paris / Bridgeman Images XIR172864

PAGE 123 (bottom right): *The Money Lender and his Wife*, 1514 (oil on panel), Massys or Metsys, Quentin (c.1466–1530) / Louvre, Paris, France / Bridgeman Images XIR19857

PAGE 126 (top right): *Mona Lisa*, c.1503–6 (oil on panel) (detail of 3179), / Louvre, Paris, France / Bridgeman Images XIR263527

PAGE 126 (bottom right): *Girl Reading*, 1874 (oil on canvas), Renoir, Pierre Auguste (1841–1919) / Musée d'Orsay, Paris, France / Bridgeman Images XIR33700

PAGE 127: *The Îles d'Or* (The Îles d'Hyères, Var), c.1891–92 (oil on canvas), Cross, Henri-Edmond (1856–1910) / Musée d'Orsay, Paris, France / Bridgeman Images XIR57621

PAGE 128 (bottom): *A Sunday on La Grande Jatte*, 1884–86 (oil on canvas), Seurat, Georges Pierre (1859–91) / The Art Institute of Chicago, IL, USA / Helen Birch Bartlett Memorial Collection / Bridgeman Images INC2967770

PAGE 132: A portrait of Leonardo in profile, c.1515 (red chalk), Melzi or Melzo, Francesco (1493-1570) (attr. to) / Royal Collection Trust © Her Majesty Queen Elizabeth II, 2017 / Bridgeman Images ROC399253

PAGE 133: Machines to lift water, draw water from well and bring it into houses from *Atlantic Codex* (*Codex Atlanticus*) by Leonardo da Vinci, folio 26 verso, Vinci, Leonardo da (1452–1519) / Biblioteca Ambrosiana, Milan, Italy / De Agostini Picture Library / Bridgeman Images VBA435051

SHUTTERSTOCK

Images found on pages 7, 11 (top), 16–18, 22, 23 (bottom), 24, 28–29, 32, 40–42, 46 (right), 47 (left), 48 (left), 53 (right), 57 (top row), 58–59, 62–64, 68–70, 72, 73 (photos), 74 (top), 79–80, 87 (photos), 94 (bottom right), 95 (top), 98–99, 104–105, 106 (bottom), 107 (left), 112, 115–116, 119 (top), 122, 126 (left), 128 (top)

关于作者

艾米·雷德特克是一位多学科的艺术家、工业设计师，同时也是罗德岛设计学院（RISD）的副教授。她是一个终身学习者和教育者，对事物总抱有着无限的好奇心。目前，她和家人一起居住在罗德岛上。

图书在版编目(C I P)数据

达・芬奇的艺术实验室 / (美)艾米・雷德特克(Amy Leidtke)著; 沈少雩译.
—上海:上海译文出版社，2020. 1
(创意“玩”课堂)
书名原文:Leonardo's Art Workshop
ISBN 978 - 7 - 5327 - 8179 - 9

I.①达··· II.①艾··· ②沈··· III.①科学实验—少儿读物
IV.①N33 - 49

中国版本图书馆 CIP 数据核字(2019)第087431号

图字：09–2019–181号

达・芬奇的艺术实验室

【美】艾米・雷德特克 著 沈少雩 译
选题策划 / 张 顺 责任编辑 / 赵 平 特约策划 / 周 歆 封面设计 /柴昊洲

上海译文出版社有限公司出版、发行
网址：www.yiwen.com.cn
200001 上海福建中路193号
上海中华商务联合印刷有限公司印刷

开本889×1380 1/24 印张6 字数80,000
2020年1月第1版 2020年1月第1次印刷

ISBN 978–7–5327–8179–9 / J·045
定价：68.00元